全国高等职业教育规划教材

AutoCAD基础与实用教程

主　编　杨贵田

副主编　杨宏飞　赵　辰

机 械 工 业 出 版 社

本书是根据作者多年从事 CAD 教学的经验编写的，其特点是通俗易学、方法简单易掌握、条理清晰易理解。书中提供了大量典型例题和习题以及上机实践内容，使读者在学习理论的同时，迅速掌握并提高软件的操作水平。

本书包括 6 章基本技巧讲解内容和 15 次上机实践内容，其中 6 章内容主要讲解各个命令的基本操作方法和操作技巧，15 次上机实践主要包括各个命令的操作过程与操作注意事项。

本书可作为高等职业院校机械类、石油类等专业的计算机绘图课程教材，也可作为工程技术人员的参考教材。

本书配有授课电子教案，需要的教师可登录机械工业出版社教材服务网 www.cmpedu.com 免费注册后下载，或联系编辑索取（QQ：1239258369，电话：010-88379739）。

图书在版编目(CIP)数据

AutoCAD 基础与实用教程/杨贵田主编. —北京：机械工业出版社，2015.10
全国高等职业教育规划教材
ISBN 978-7-111-51976-8

Ⅰ.①A… Ⅱ.①杨… Ⅲ.①AutoCAD 软件—高等职业教育—教材
Ⅳ.①TP391.72

中国版本图书馆 CIP 数据核字（2015）第 254578 号

机械工业出版社(北京市百万庄大街 22 号 邮政编码 100037)
责任编辑：曹帅鹏　　责任校对：张艳霞
责任印制：李 洋
北京圣夫亚美印刷有限公司印刷
2016 年 1 月第 1 版 · 第 1 次印刷
184mm×260mm · 9.5 印张 · 232 千字
0001—3000 册
标准书号：ISBN 978-7-111-51976-8
定价：28.00 元

凡购本书，如有缺页、倒页、脱页，由本社发行部调换

电话服务	网络服务
服务咨询热线：(010)88379833	机 工 官 网：www.cmpbook.com
读者购书热线：(010)88379649	机 工 官 博：weibo.com/cmp1952
	教育服务网：www.cmpedu.com
封面无防伪标均为盗版	金 书 网：www.golden-book.com

全国高等职业教育规划教材机电专业编委会成员名单

出 版 说 明

《国务院关于加快发展现代职业教育的决定》指出：到 2020 年，形成适应发展需求、产教深度融合、中职高职衔接、职业教育与普通教育相互沟通，体现终身教育理念，具有中国特色、世界水平的现代职业教育体系，推进人才培养模式创新，坚持校企合作、工学结合，强化教学、学习、实训相融合的教育教学活动，推行项目教学、案例教学、工作过程导向教学等教学模式，引导社会力量参与教学过程，共同开发课程和教材等教育资源。机械工业出版社组织全国 60 余所职业院校（其中大部分是示范性院校和骨干院校）的骨干教师共同策划、编写并出版的“全国高等职业教育规划教材”系列丛书，已历经十余年的积淀和发展，今后将更加紧密结合国家职业教育文件精神，致力于建设符合现代职业教育教学需求的教材体系，打造充分适应现代职业教育教学模式的、体现工学结合特点的新型精品化教材。

“全国高等职业教育规划教材”涵盖计算机、电子和机电三个专业，目前在销教材 300 余种，其中“十五”“十一五”“十二五”累计获奖教材 60 余种，更有 4 种获得国家级精品教材。该系列教材依托于高职高专计算机、电子、机电三个专业编委会，充分体现职业院校教学改革和课程改革的需要，其内容和质量颇受授课教师的认可。

在系列教材策划和编写的过程中，主编院校通过编委会平台充分调研相关院校的专业课程体系，认真讨论课程教学大纲，积极听取相关专家意见，并融合教学中的实践经验，吸收职业教育改革成果，寻求企业合作，针对不同的课程性质采取差异化的编写策略。其中，核心基础课程的教材在保持扎实的理论基础的同时，增加实训和习题以及相关的多媒体配套资源；实践性较强的课程则强调理论与实训紧密结合，采用理实一体的编写模式；涉及实用技术的课程则在教材中引入了最新的知识、技术、工艺和方法，同时重视企业参与，吸纳来自企业的真实案例。此外，根据实际教学的需要对部分课程进行了整合和优化。

归纳起来，本系列教材具有以下特点：

1）围绕培养学生的职业技能这条主线来设计教材的结构、内容和形式。

2）合理安排基础知识和实践知识的比例。基础知识以“必需、够用”为度，强调专业技术应用能力的训练，适当增加实训环节。

3）符合高职学生的学习特点和认知规律。对基本理论和方法的论述容易理解、清晰简洁，多用图表来表达信息；增加相关技术在生产中的应用实例，引导学生主动学习。

4）教材内容紧随技术和经济的发展而更新，及时将新知识、新技术、新工艺和新案例等引入教材。同时注重吸收最新的教学理念，并积极支持新专业的教材建设。

5）注重立体化教材建设。通过主教材、电子教案、配套素材光盘、实训指导和习题及解答等教学资源的有机结合，提高教学服务水平，为高素质技能型人才的培养创造良好的条件。

由于我国高等职业教育改革和发展的速度很快，加之我们的水平和经验有限，因此在教材的编写和出版过程中难免出现问题和疏漏。我们恳请使用这套教材的师生及时向我们反馈质量信息，以利于我们今后不断提高教材的出版质量，为广大师生提供更多、更适用的教材。

机械工业出版社

前　言

AutoCAD 软件是由美国 Autodesk 公司开发的专门用于计算机绘图设计的软件，AutoCAD 软件的二维绘图功能、三维绘图功能非常强大，可以绘制出逼真的模型，目前 AutoCAD 已经广泛应用于机械、建筑、电子、航天和水利等工程领域。

为了培养既有一定文化基础和专业理论知识，又有较强实践能力的应用型技能人才，职业教育教材的开发应同时兼顾理论知识和实践知识，既选编“必需、够用”的理论内容，又融入足够的实训内容，试行“以实践教学为基础，以能力培养为中心”的教学模式。当前的职业教育教学改革以“行动导向教学法”为核心，即以项目教学法、任务驱动教学法、案例教学法、引导课文教学法等新型教学方法，从课程设置到教学大纲，从教学模式到教材编写都做了有益的尝试。编写本书的指导思想是，面向机械行业、石油行业、建筑行业及电气行业，将当前 CAD 应用中的共性问题提炼出来构成全书的内容，既要强调 CAD 基础，又要反映 CAD 应用中的先进技术，以适应培养高素质 CAD 应用人才的需要。本书以机械行业为应用背景，在内容组织、应用举例、技术实现等方面体现了机械 CAD 的特点。此外，本书在体现 CAD 先进技术的章节中，融入了编者多年的科研成果与经验，具有一些个性化特色。

本书的特点如下：

（1）基础性。本书以机械行业的 CAD 应用为背景，将应用中的共性问题作为重点阐述对象，包括 CAD 基础、图形处理基础与建模技术等，反映了 CAD 技术的基本原理和方法。

（2）实用性。书中采用的应用举例、练习题以及教学过程中所安排的项目训练等组成了多样化的实践环节，体现了课程的实用性。

（3）采用模块式的编写体系。本书根据企业对人才的需求和学生个人发展的需要，编写了掌握 CAD 软件最基本操作技巧的模块，为学员后续的学习奠定了基础。

教师可根据教学情况具体选择教学内容，编排的每一章节即为一次上课的两课时内容，可由教师灵活安排。章后的习题以及上机实践部分应作为教学实训的一部分，学员可根据授课内容选择实训题目。本书教学的参考学时为 60～80 课时。

本书可作为高等职业学院机械类、石油类等专业的计算机绘图课程教材，也可作为工程技术人员的参考教材。

本书由天津工程职业技术学院的杨贵田任主编，大港油田公司的杨宏飞、赵辰任副主编。杨贵田编写第 1 章、第 3 章和上机实践一、十三、十四、十五，杨宏飞编写第 2 章和上机实践四、五、六，赵辰编写第 4 章和上机实践七、八，大港油田公司的杨洁编写第 5 章和上机实践九、十二，大港油田公司的尹子娇编写第 6 章和上机实践十、十一，天津工程职业技术学院孙秀玲编写上机实践二、三。由于编者水平有限，书中难免有疏漏与错误之处，恳请读者指正。

编　者

目　录

第二篇 上机实践

第一篇 基本技巧

第1章 初识 AutoCAD 软件及辅助绘图工具

本章重点与难点

- 了解 AutoCAD 软件的发展史与界面组成；认识 AutoCAD 软件的应用领域；了解该软件的专业特点。
- 在 AutoCAD 软件中使用的是世界坐标系，了解坐标在 AutoCAD 软件中的作用以及世界坐标的分类。
- 学会使用捕捉、栅格、正交定位图形；熟练使用对象捕捉、极轴、对象追踪辅助绘图。
- 掌握图层的命名规则、设置图层的特性和“特性匹配”的使用与效果。

1.1 初识 AutoCAD 软件

1．CAD 的概述

C 指 Computer，即计算机；A 指 Aided，即辅助；D 指 Design，即设计；CAD 为计算机辅助设计。AutoCAD 软件是美国 Autodesk 公司于 20 世纪 80 年在微机上应用 CAD 技术而开发的绘图程序包，加上 Auto 指它可以应用于几乎所有跟绘图有关的行业。

2．应用领域

（1）机械设备管理与设计；

（2）建筑识图与设计；

（3）电气自动化与电子技术应用；

（4）土水工程管理与应用；

（5）石油设备管理与设计。

3．CAD 的发展史

初级发展阶段　在 1982 年 11 月出现了 AutoCAD 1.0 的版本，之后在 1983 年 4 月出现了 AutoCAD 1.2 的版本，1983 年 8 月出现了 AutoCAD 1.3 的版本，1983 年 10 月出现了 AutoCAD 1.4 的版本，在 1984 年 10 月出现了 AutoCAD 2.0 的版本。

中级发展阶段　在 1985 年 5 月出现了 AutoCAD 2.17 和 2.18 的版本，当时出现了鼠标滚轴，1986 年 6 月出现了 AutoCAD 2.5 的版本，1987 年 9 月出现了 AutoCAD 9.0 和 9.03 的版本。

高级发展阶段　在 1988 年 8 月出现了 AutoCAD 12.0 版本，之后在 1988 年 12 月出现了 AutoCAD 12.0 for DOS，1996 年 6 月出现了 AutoCAD 12.0 for Windows，1998 年 1 月出现了 AutoCAD 13.0 for Windows，1999 年 1 月出现了 AutoCAD 2000 for Windows，2001 年 9 月出现了 AutoCAD 2002 for Windows，2003 年 5 月出现了 AutoCAD 2004 for Windows……2014 年出现了 AutoCAD 2015。

4．打开方式

（1）双击桌面上的 CAD 图标；

（2）单击“开始”按钮，选择“程序”→“Autodesk”→“AutoCAD 软件”命令。

5．CAD 的界面组成

AutoCAD 界面由标题栏、菜单栏、工具栏、绘图窗口、命令行、状态栏等组成，如图 1-1 所示。

注：将鼠标指针放在任意工具栏上右击，将显示所有的工具栏，用户可任意选择。

（1）标题栏：记录了 AutoCAD 软件的标题和当前文件的名称。

（2）菜单栏：当前软件命令的集合。

（3）工具栏：包括标准工具栏、图层工具栏、特征工具栏（颜色控制、线型控制、线宽控制、打印样式控制）、绘图工具栏、修改工具栏、样式工具栏（文字样式管理器、标注样式管理器）和工作空间工具栏，如图 1-1 所示，这些工具栏可放在窗口的任意位置。

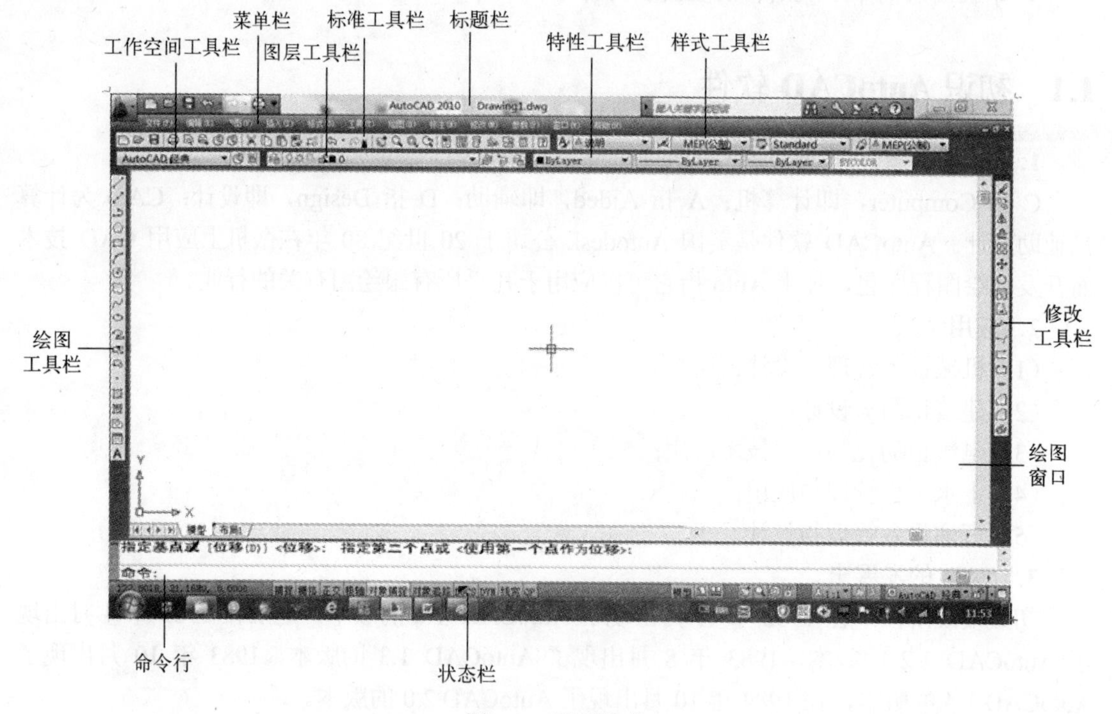

图 1-1　界面组成

注：在工具栏的空白处右击，将显示 AutoCAD 软件子菜单，其中包含了所有 CAD 工具。

（4）绘图窗口：工作界面。

（5）模型和布局：通常在模型空间中设计图纸，在布局中打印图纸。

（6）命令行：供用户通过键盘输入命令的地方，也是画图有效步骤的显示与说明，位于窗口下方，按 F2 键可以使命令行操作全部显示。

（7）状态栏：左侧为信息提示区，用于显示当前坐标指针的坐标值和工具按钮的提示信息等；右侧为功能按钮区，单击不同的功能按钮，可以开启对应功能，提高绘图速度。

6. 文件的新建、打开、保存、关闭命令

（1）新建：①选择“文件”菜单下的“新建”命令；②按快捷键 Ctrl+N。

（2）打开：①选择“文件”菜单下的“打开”命令；②按快捷键 Ctrl+O。

（3）保存：①选择“文件”菜单下的“保存”命令；②按快捷键 Ctrl+S。

（4）关闭：①单击标题栏上的“关闭”按钮；②按快捷键 Alt+F4；③单击控制菜单按钮。

1.2　辅助绘图工具

1．坐标系的使用

AutoCAD 使用的是世界坐标系，X 为水平轴，Y 为垂直轴，Z 为垂直于 X 和 Y 平面的轴，这些都是固定不变的，因此称为世界坐标系。世界坐标分为绝对坐标和相对坐标。

绝对坐标（针对原点）分为绝对直角坐标和绝对极坐标。绝对直角坐标指点到 X、Y 方向（有正、负之分）的距离，输入形式为“X, Y”，输入时要在西文状态下进行。绝对极坐标指点到坐标原点之间的距离（极半径），该连线与 X 轴正向之间的夹角度数为极角度数，正值为逆时针，负值为顺时针，输入形式为“极半径<极角度数”，输入时一定要在西文状态下进行。

相对坐标（针对上一点来说，相当于把上一点看作原点）分为相对直角坐标和相对极坐标。相对直角坐标是指该点与上一输入点之间的坐标差（有正、负之分）相对的符号用“@”表示，输入形式为“(@ X,Y)”，输入时一定要在西文状态下进行。相对极坐标是指该点与上一输入点之间的距离，该连线与 X 轴正向之间的夹角度数为极角度数，相对符号用“@”表示，正角度为逆时针，负角度为顺时针，输入形式为“(@极半径<极角度数)”，输入时一定要在西文状态下进行。

2．鼠标的作用

（1）左键的作用：①选择物体；②确定图形第一点的位置。

（2）滚轴的作用：①滚动滚轴放大或缩小图形（界面在放大或缩小）；②双击可全屏显示所有图形；③按住滚轴移动鼠标可平移界面。

（3）右键的作用：①确定；②重复上一次操作（重复上一次操作的快捷键还有空格和回车）。

3．选择图元的方法

（1）直接单击。

（2）正选：从左上角向右下角拖动（全部包含其中），也称窗口选择。

（3）反选：从右下角向左上角拖动（碰触到物体的一部分就行），也称窗交选择。

在 AutoCAD 中创建图形的单位是毫米，对 AutoCAD 所创建图形的单位进行格式修改时选择菜单中的“单位”命令，然后在弹出的对话框中选择“用于缩放插入内容的单位”下拉列表框中的单位，如图 1-2 所示。

图 1-2　图形单位

4. “草图设置”对话框

右击状态栏中的“捕捉”或“栅格”按钮，选择“设置”命令，将弹出“草图设置”对话框，如图 1-3 所示。

(1)“捕捉和栅格”选项卡：捕捉用于确定鼠标指针每次在 X、Y 方向上移动的距离，快捷键为 F9；栅格仅用于辅助定位，打开时屏幕上将布满栅格小点，快捷键为 F7。

图 1-3　“草图设置”对话框

在“捕捉和栅格”选项卡中可以设置捕捉间距和栅格间距。

（2）“极轴追踪”选项卡：正交追踪用于控制所绘制直线的种类，打开后只可以绘制垂直和水平直线，快捷键为 F8；极轴追踪：可以捕捉并显示直线的角度和长度，有利于绘制一些有角度的直线，快捷键为 F10。

右击状态栏中的“极轴”按钮，选择“设置”命令，在“草图设置”对话框的“极轴追踪”选项卡中可以根据自己的需要设定增量角，勾选“附加角”复选框，可新建第二个捕捉角度，如图 1-4 所示。

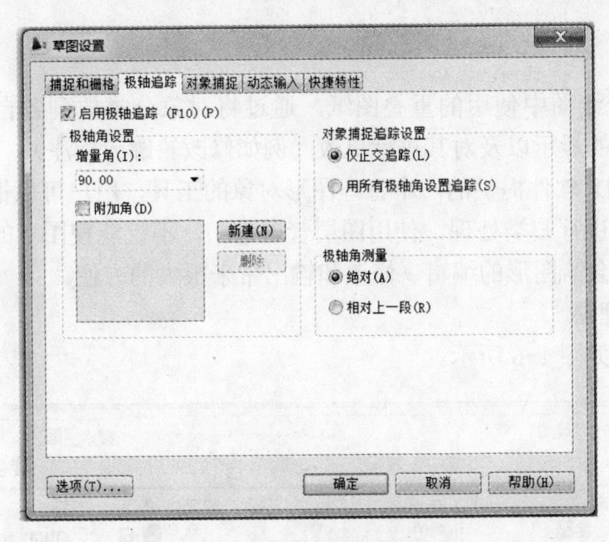

图 1-4 “极轴追踪”选项卡

（3）“对象捕捉”选项卡：启用对象捕捉的快捷键为 F3，启用后，在绘制图形时可随时捕捉已绘图形上的关键点。

右击状态栏中的“对象捕捉”按钮，选择“设置”命令，在“草图设置”对话框的“对象捕捉”选项卡中可以勾选捕捉点的类型，如图 1-5 所示。

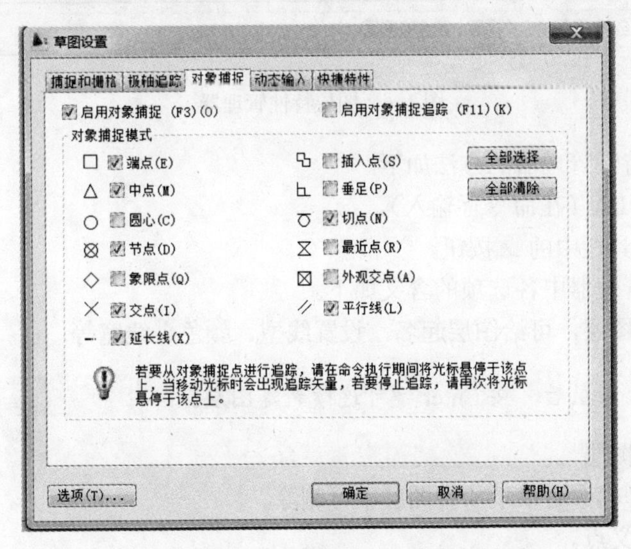

图 1-5 “对象捕捉”选项卡

对象捕捉追踪配合对象捕捉使用，快捷键为 F11，启用后，在鼠标指针下方将显示捕捉点的提示（长度，角度）。

另外，状态栏中的“线宽”按钮用于线宽显示之间的切换，“模型”按钮用于在模型空间与图纸空间之间进行切换。

1.3 图层

1．图层的概述

图层相当于图纸绘图中使用的重叠图纸。通过将对象分类放到各自的图层中，可以快速、有效地控制对象的显示以及对其进行更改（例如修改轮廓或标注）。

图层是 AutoCAD 软件提供的一个管理图形对象的工具，用户可以根据图层对图形几何对象、文字、标注等进行归类处理，使用图层管理它们，不仅能使图形的各种信息清晰、有序、便于观察，而且会给图形的编辑、修改和输出带来很大的方便。

2．图层特性管理器

图层特性管理器如图 1-6 所示。

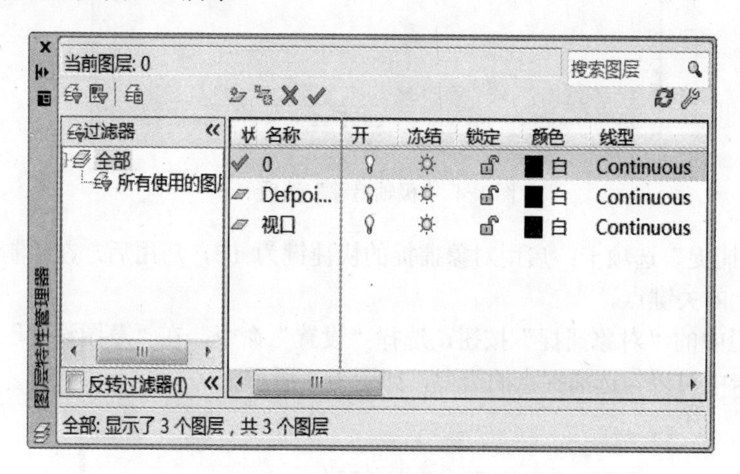

图 1-6　图层特性管理器

（1）打开图层特性管理器的方法如下。

1）使用快捷键 LA（在命令行输入）。

2）单击图层工具栏中的按钮。

（2）图层特性管理器中各选项的含义如下。

1）新建：新建图层，可给图层起名，设置线型、颜色、线宽等。

注：在新建一次图层后，按 Enter 键可连续新建图层。

2）删除：删除图层。

在图层特性管理器中有以下 4 种图层不可删除。

① 图层 0 和定义点。

② 当前图层。

③ 依赖外部参照的图层。

④ 包含对象的图层。

3）外部参照：文件之间的一个链接关系，某文件依赖于外部文件的变化而变化。

建立外部参照的步骤如下。

① 新建一个窗口，命名为文件 1。

② 在“插入”菜单中选择“外部参照”，然后选择参照文件名为 2，确定。

③ 在文件 1 中插入文件 2，保存。

④ 打开文件 2，进行改动后保存。

⑤ 打开文件 1，观察到文件 1 的改动跟文件 2 一样，即文件 2 改动，文件 1 随之跟着改动。

4）开/关状态：图层处于打开状态时，灯泡为黄色，该图层上的图形可以在显示器上显示，也可以打印；图层处于关闭状态时，灯泡为灰色，该图层上的图形不能显示，也不能打印。

5）冻结/解冻状态：图层被冻结，该图层上的图形对象不能被显示出来，也不能打印输出，而且不能编辑或修改；图层处于解冻状态时，该图层上的图形对象能够显示出来，也能够打印，并且可以在该图层上编辑图形对象。

注： 不能冻结当前层，也不能将冻结层改为当前层。

从可见性上来说，冻结的图层与关闭的图层是相同的，但冻结的对象不参加处理过程中的运算，关闭的图层则要参加运算，所以在复杂的图形中冻结不需要的图层，可以加快系统重新生成图形的速度。

6）锁定/解锁状态：锁定状态并不影响该图层上图形对象的显示，用户不能编辑锁定图层上的对象，但可以在锁定的图层中绘制新图形对象。此外，用户还可以在锁定的图层上使用查询命令和对象捕捉功能。

7）颜色、线型与线宽：单击“颜色”列中对应的图标，可以打开如图 1-7 所示的“选择颜色”对话框选择图层颜色。

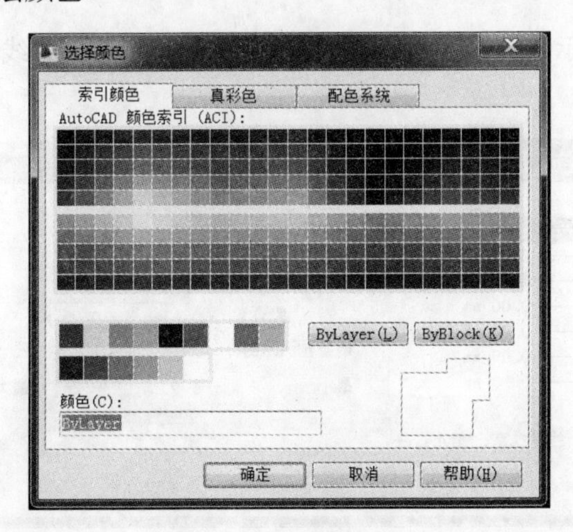

图 1-7　颜色的选择

单击“线型”列中的线型名称，可以打开如图 1-8 所示的“线型管理器”对话框，选择所需的线型；单击“加载”按钮，可以打开如图 1-9 所示的对话框，找到所需要的线型。

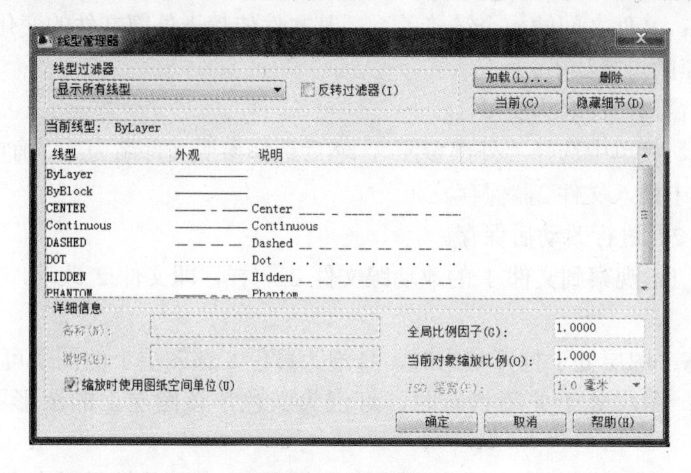

图 1-8　选择线型

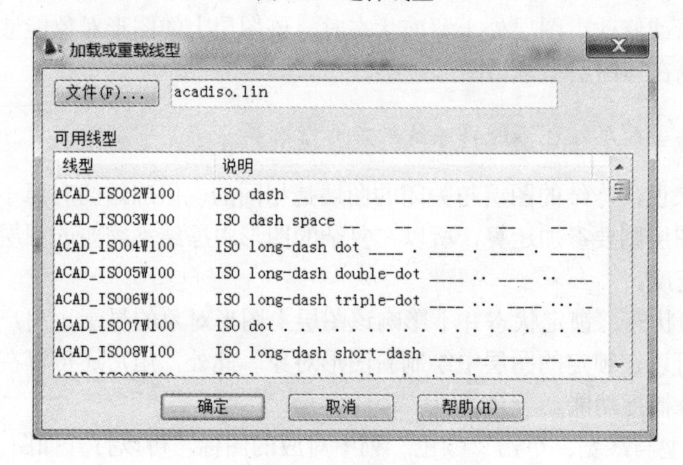

图 1-9　加载线型

单击“线宽”列显示的线宽值，可以打开如图 1-10 所示的“线宽设置”对话框，选择所需要的线宽。

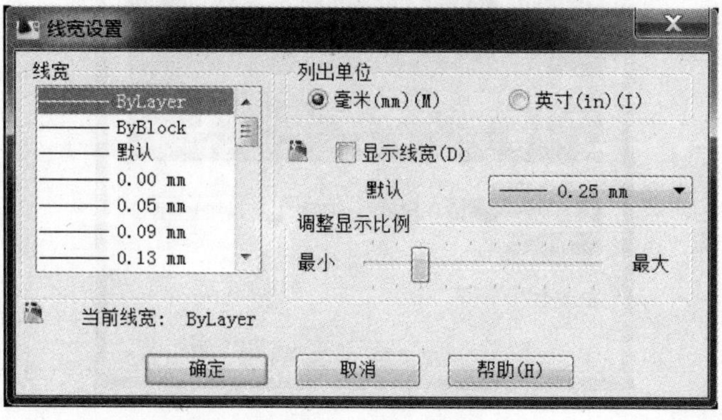

图 1-10　选择线宽

3. 图形转移图层的方法

（1）选中图形。

（2）右击空白处，弹出“特性”对话框。

（3）在“特性”对话框的“图层”列表中选择所需图层。

（4）关闭。

注：对象特性包含一般特性和几何特性，一般特性包括对象的颜色、线型、图层及线宽等，几何特性包括对象的尺寸和位置。用户可以直接在“特性”对话框中设置和修改对象的特性。

在实际绘图时，为了便于操作，主要通过图层工具栏（如图 1-11 所示）和对象特性工具栏（如图 1-12 所示）实现图层的切换，只需选择要将其设置为当前层的图层名称即可。

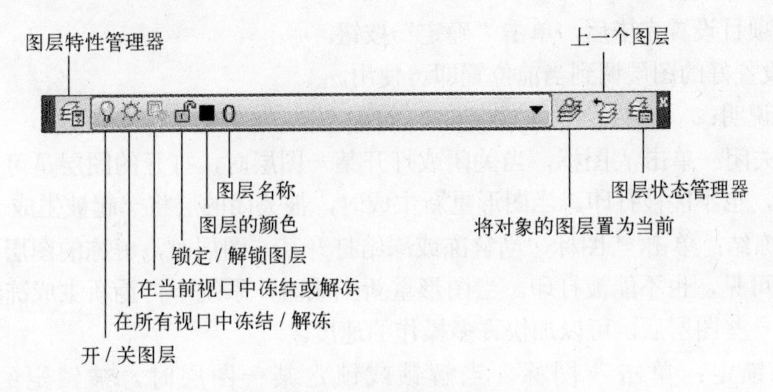

图 1-11　图层工具栏

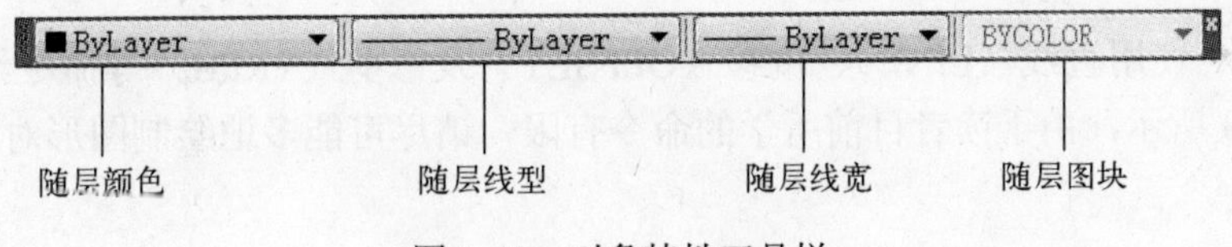

图 1-12　对象特性工具栏

4. 特性匹配

特性匹配指把一个物体的特性覆盖到另一个物体上，可以用多次。

【例 1-1】 创建以下图层名称并设置图层的颜色、线型及线宽。

名　称	颜　色	线　型	线　宽
轮廓线	白色	Continuous	0.7
中心线	红色	Center	默认
虚线	绿色	Dashed	默认
剖面线	黄色	Continuous	默认
标注	白色	Continuous	默认
文字	白色	Continuous	默认

（1）单击图层工具栏上的按钮，打开“图层特性管理器”对话框，然后单击“新建”按钮，直接输入“轮廓线”，按〈Enter〉键结束。

（2）继续新建图层，输入“中心线”，按〈Enter〉键结束。

（3）继续新建所有图层。

（4）单击“颜色”下面的白色图标位置，打开“选择颜色”对话框，从中选择所需要的颜色。

（5）单击“线型”下面的 Continuous 图标位置，打开“线型管理器”对话框，然后单击“加载”按钮，从中选择所需要的线型，在选择线型后，单击“确定”按钮。

（6）继续添加线型。

（7）单击“线宽”下面的默认图标位置，打开“线宽设置”对话框，从中选择线宽值，单击“确定”按钮。

（8）继续修改线宽。

（9）所有项目设置完毕后，单击“确定”按钮。

（10）把设置好的图层调到当前位置即可使用。

图层状态说明：

1）打开/关闭：单击图标，当关闭或打开某一图层时，打开的图层是可见的，关闭的图层则不可见，也不能被打印。当图形重新生成时，被关闭的层将一起被生成。

2）解冻/冻结：单击图标，当解冻或冻结打开某一图层时，解冻的图层是可见的，冻结的图层则不可见，也不能被打印。当图形重新生成时，系统不再重新生成冻结图层上的对象，因而冻结一些图层后，可以加快许多操作的速度。

3）解锁/锁定：单击图标，当解锁或锁定某一图层时，被锁定的图层是可见的，但图层上的对象不能被编辑，可以将锁定的图层设置为当前层，并可以向它添加图形对象。

【例 1-2】 使用直线（LINE）、偏移（OFFSET）及修剪（TRIM）等命令绘制曲轴零件图，如图 1-13 所示，由于读者目前所学的命令有限，请尽可能多地绘制图形对象。

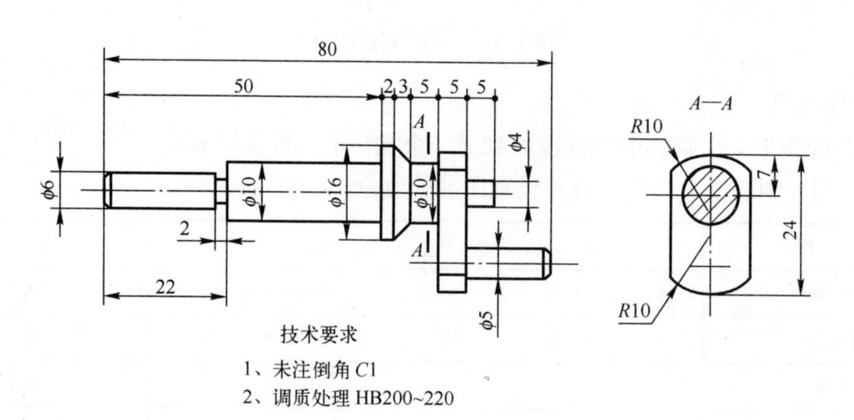

图 1-13　曲轴零件图

（1）创建以下 3 个图层。

名　称	颜　色	线　型	线　宽
轮廓线	白色	Coutinuous	0.7
虚线	蓝色	Dashed	0.1
中心线	红色	Center	0.1

（2）打开极轴追踪、对象捕捉及自动追踪功能，指定极轴追踪角度为 90°，设置对象捕捉方式为“端点”和“交点”。

（3）设置绘图区域大小为 120×100。单击标准工具栏上的按钮，使绘图区域充满整个绘图窗口。

（4）切换到“轮廓线”图层，绘制两条作图基准线 A 和 B，线段 A 的长度约为 120，线段 B 的长度约 40。

（5）以 A、B 线为基准线，用 OFFSET 及 TRIM 命令形成曲轴左边的第一段、第二段。

（6）用同样的方法绘制曲轴的其他线，最后将轴线修改到中心线层上。

【例 1-3】 用矩形（RECTANG）、正多边形（POLYGON）及椭圆（ELLIPSE）等命令绘制零件图，如图 1-14 所示。

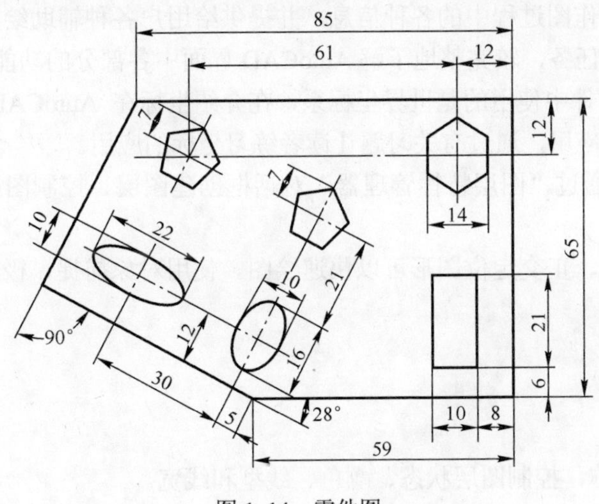

图 1-14　零件图

（1）创建如下 3 个图层。

名　称	颜　色	线　型	线　宽
轮廓线	白色	Coutinuous	0.7
中心线	红色	Center	0.1
标注	绿色	Coutinuous	默认

（2）打开极轴追踪、对象捕捉及自动追踪功能，指定极轴追踪角度为 90°，设置对象捕捉方式为“端点”和“交点”。

（3）设置绘图区域大小为 120×100。单击标准工具栏上的按钮，使绘图区域充满整个绘图窗口。

（4）切换到“轮廓线”图层，用 LINE 命令绘制图形的外轮廓线。再绘制矩形，单击绘图工具栏上的按钮或输入命令 RECTANG，启动绘制矩形命令。

（5）用 OFFSET、LINE 命令形成正六边形及椭圆的定位线，然后绘制正六边形及椭圆。

注意：单击绘图工具栏上的按钮或输入命令 POLYGON，启动绘制正多边形命令；单击绘图工具栏上的按钮或输入命令 ELLIPSE，启动绘制椭圆命令。

（6）用同样的方法绘制图形的其余部分，然后修改中心线所在的图层。

1.4 小结

本章主要介绍了 AutoCAD 软件的发展史与界面组成；认识了 AutoCAD 软件的应用领域，让读者了解了该软件的专业特点，认识到该软件的发展历程。

本章还介绍了 AutoCAD 的工作界面、多文档环境、图形文件管理及如何发出 / 撤销命令等基本操作。

AutoCAD 工作界面主要由标题栏、绘图窗口、工具栏、状态栏和命令栏等 7 个部分组成。在进行工程设计时，用户通过工具栏、下拉菜单或命令栏发出命令，在绘图区中画出图形。而状态栏则显示作图过程中的各种信息，并提供给用户各种辅助绘图工具。因此，用户要想顺利地完成设计任务，较完整地了解 AutoCAD 界面中各部分的功能是非常必要的。

在 AutoCAD 软件中使用的是世界坐标系，在介绍坐标在 AutoCAD 软件中作用的同时介绍了相对极坐标的应用，通过有关习题让读者练习坐标的应用。

AutoCAD 可以通过“图层特性管理器”对话框创建图层、控制图层状态及设置对象的颜色和线型等。

使用捕捉、栅格、正交定位图形可以快速绘图。使用对象捕捉、极轴、对象追踪辅助命令可以准确地绘图。

1.5 章后练习

1. 创建图层名称，控制图层状态、颜色、线型和线宽。

名　称	颜　色	线　型	线　宽
轮廓线	白色	Continuous	0.7
中心线	红色	Center	0.1
虚线	绿色	Dashed	0.1
剖面线	黄色	Continuous	0.1
标注	白色	Continuous	0.1
文本	白色	Continuous	0.1

（1）创建图层。

（2）关闭或冻结“标注”层。

（3）锁住“中心线”层。

2. 用所学命令绘制练习图 1-1 所示的平面图形。

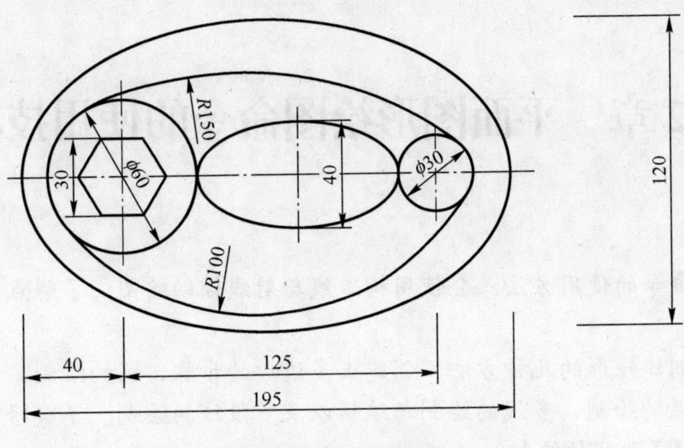

练习图 1-1　平面图形

第2章　平面图形绘图命令的使用技巧

本章重点与难点

- 掌握直线命令的使用方法；会使用构造线与射线辅助绘图；了解点的绘制样式及点的作用。
- 熟练掌握创建矩形的几种方法、创建正多边形的步骤、圆的绘制、圆弧的绘制、椭圆与椭圆弧的绘制、多线的绘制与编辑以及多段线的绘制；了解修订云线的绘制与设置以及样条曲线的绘制。
- 掌握文字中“多行文字”与“单行文字”的区别与用法。
- 熟练掌握创建块与写块的作用与区别；掌握插入块的方法。
- 能够区分“拾取点”与“选择对象”命令；会在填充命令中使用“角度”与“比例”；掌握填充命令中的几种填充样式与渐变色的使用。

2.1　绘制直线、构造线、射线命令

1．直线命令（快捷键为 L）

（1）直线命令的激活方式：

1）直接在绘图工具栏上单击“直线”按钮。

2）选择“绘图”菜单中的“直线”命令。

3）直接在命令行中输入快捷键 L，按〈Enter〉键或鼠标右击确定。

（2）绘制直线的方法：

1）激活直线命令。

2）用鼠标左键在屏幕中单击确定直线的一端点，然后拖动鼠标，确定直线方向。

3）输入直线长度并确认，然后按照同样的方法继续画线直至图形绘制完毕，按〈Enter〉键结束直线命令，如图 2-1 所示。

取消命令的方法为按〈Esc〉键或右击鼠标完成。当选择“放弃(U)”时回车，可以取消最近一点的绘制。

对于三点或三点以上的情况，如果想让第一点和最后一点闭合并结束直线的绘制，可在命令栏中输入“C”后按〈Enter〉键完成。

2．构造线命令（快捷键为 XL）

构造线一般作为辅助线使用，用构造线命令创建的线是无限长的。

构造线命令的激活方式：

1）直接在绘图工具栏上单击“构造线”按钮。

2）选择“绘图”菜单中的“构造线”命令。

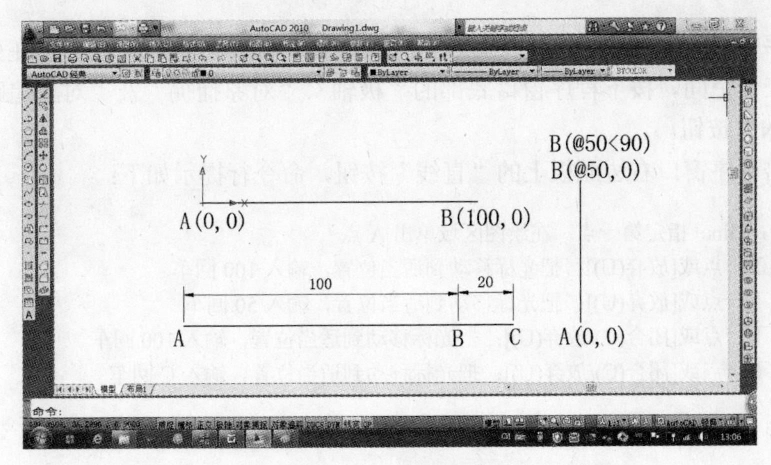

图 2-1 绘制直线

3）直接在命令行中输入快捷键 XL。

```
命令: xl XLINE 指定点或 [水平(H)/垂直(V)/角度(A)/二等分(B)/偏移(O)]:
```

在构造线命令行中，H 为水平构造线，V 为垂直构造线，A 为角度（可设定构造线角度，也可参考其他斜线进行角度复制），B 为二等分（等分角度，两直线夹角平分线），O 为偏移（通过 T，可以任意设置距离）。

3．射线命令（快捷键为 Ray）

射线指向一个方向延伸的线，此命令用于辅助作图。

射线命令的激活方式：

1）选择“绘图”菜单中的“射线”命令。

2）直接在命令行中输入快捷键 Ray。

【例 2-1】 启动 AutoCAD 绘图软件的基本过程。

1）启动 AutoCAD 软件。

2）选择“文件”→“新建”命令，打开“选择文件”对话框，如图 2-2 所示，该对话框中列出了用于创建新图形的样板文件，默认的样板文件是“acadiso.dwt”。单击“打开”按钮，即可根据选择的样板新建一个图形文件，此时，可开始绘制新图形。

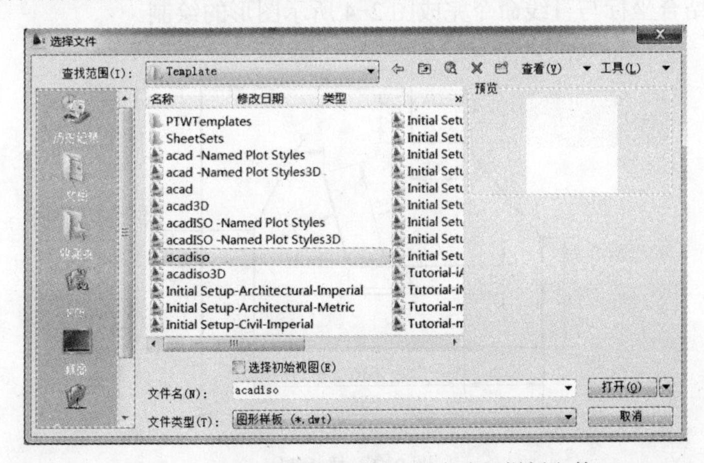

图 2-2 在“选择文件”对话框中选择样板文件

（3）程序窗口上部的下拉列表中显示“二维草图与注释”选项，表明现在处于“二维草图与注释”工作空间。按下程序窗口底部的“极轴”、“对象捕捉”及“对象追踪”按钮，不要按下“DYN”按钮。

（4）单击程序窗口右边面板上的“直线”按钮，命令行提示如下：

命令：_line 指定第一点：在绘图区域单击 A 点
指定下一点或[放弃(U)]：把光标移动到适当位置，输入 100 回车
指定下一点或[放弃(U)]：把光标移动到适当位置，输入 50 回车
指定下一点或[闭合(C)/放弃(U)]：把光标移动到适当位置，输入 100 回车
指定下一点或[闭合(C)/放弃(U)]：把光标移动到适当位置，输入 C 回车

结果如图 2-3 所示。

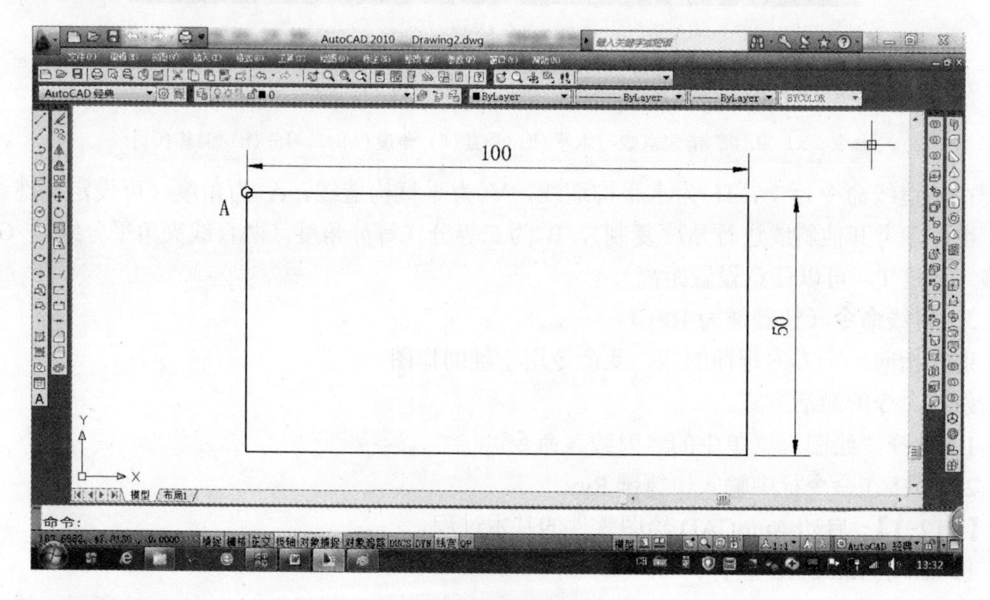

图 2-3 绘制直线

（5）按〈Enter〉键重复画线命令，可以继续绘制线段。

【例 2-2】 结合坐标与直线命令完成图 2-4 所示图形的绘制。

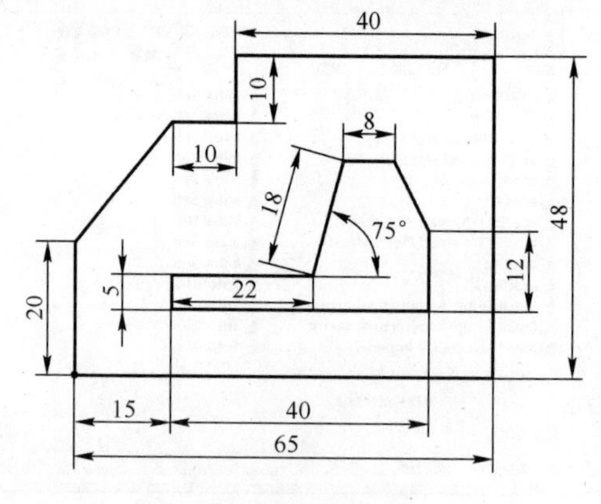

图 2-4 样板图

（1）设置绘图区域大小为 80×80，该区域左下角坐标为(10,20)，右上角点的相对坐标为(@80,80)，在绘制图形时需要充满整个区域。

（2）单击绘图工具栏上的“直线”按钮或在命令行中输入 Line 后按〈Enter〉键，启动画线命令。

命令：_line 指定第一点：20,30 回车
指定下一点[放弃(U)]：@40,0 回车

2.2 绘制点、矩形、正多边形命令

1．点命令（快捷键为 PO）

点命令在绘图中起辅助作用。

（1）点命令的激活方式：

1）直接在绘图工具栏上单击“点”按钮 ·。

2）选择“绘图”菜单中的“点”命令。

3）直接在命令行中输入快捷键 PO。

在“绘图”菜单的“点”下，“单点 S”一次只能画一个点；“多点 P”一次可画多个点，左击加点，Esc 停止；对于“定数等分 D”，选择对象后，需要设置数目；对于“定距等分 M”，选择对象后，需要指定线段长度。

（2）设置点的样式的方法为选择“格式”菜单中的“点样式”命令，在弹出的如图 2-5 所示的对话框中进行设置。

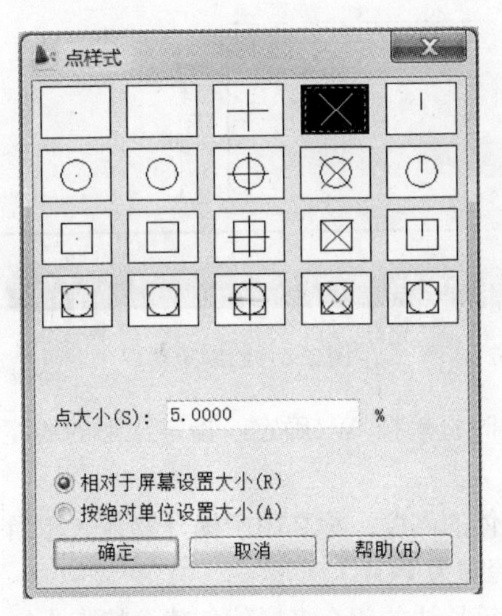

图 2-5 “点样式”对话框

在该对话框中可以选择点的样式，设定点的大小。

1）相对于屏幕设置大小：当滚动滚轴时，点大小随屏幕分辨率大小改变。

2）按绝对单位设置大小：点大小不会改变。

注：在同一图层中，点的样式必须是统一的，不能出现不同的点。

2．矩形命令（快捷键为 REC）

（1）矩形命令的激活方式：

1）直接在绘图工具栏上单击“矩形”按钮；

2）选择“绘图”菜单中的“矩形”命令；

3）直接在命令行中输入快捷键 REC。

（2）绘制矩形的几种方法：

（1）指定第一点，如在拖出一个点后按 D 确定，这时会使用尺寸的方法创建矩形。

（2）按 D 后确定，输入矩形的长度和宽度，指定另外一个角，将这一点定位在矩形的内部。

（3）不指定第一点直接按 C 确定，指定矩形的第一个倒角距离和第二个倒角距离，便可得到一个带有倒角现象的距离。

（4）若不指定第一点而直接按 F 确定，指定矩形的圆角半径，便可出现一个有圆角的矩形，如图 2-6 所示。

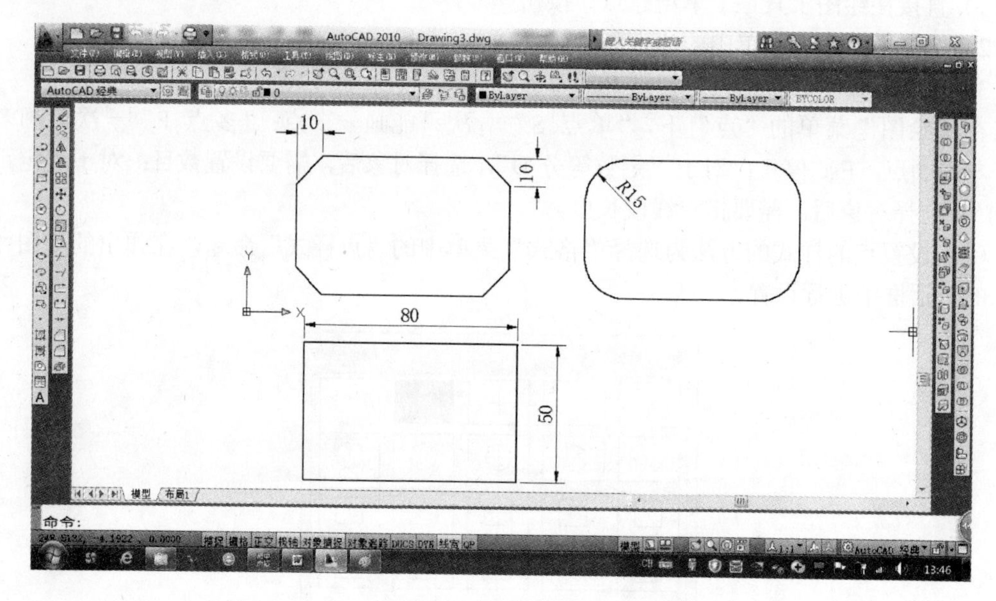

图 2-6　绘制矩形

（5）若在不指定第一点时直接按 W 确定，指定矩形的线宽粗细，便可出现一个有粗细的矩形。

另外，厚度相当于长方体的高度；标高用于提升物体（相当于 XY 平面的高度）。

3．正多边形命令（快捷键为 POL）

正多边形由 3～1024 条等长边的闭合多段线创建，特点为每个边都相等。

（1）正多边形命令的激活方式：

1）直接在绘图工具栏上单击“正多边形”按钮。

2）选择“绘图”菜单中的“正多边形”命令。

3）直接在命令行中输入快捷键 POL。

（2）绘制正多边形的步骤：

1）绘制内接正多边形的方法：先在命令栏中输入快捷键 POL，然后在命令栏中输入边数，指定正多边形的中心，输入I确定，再输入半径长度。

注："内接于圆"表示绘制的多边形将内接于假想的圆。

2）绘制外切正多形的方法：先在命令栏中输入快捷键 POL，然后在命令栏中输入边数，指定正多边形的中心，输入C确定，再输入半径长度。

注："外切于圆"表示绘制的多边形将外切于假想的圆。

3）通过指定一条边绘制正多边形的方法：在命令栏中输入快捷键 POL，然后在命令栏中输入边数，输入E，指定正多边形线段的起点，指定正多边形线段的端点。

例如：利用以上命令绘制五角星和六角螺母等图形，尺寸自定。

2.3 绘制圆、圆弧、椭圆、椭圆弧命令

1．圆命令（快捷键为C）

（1）圆命令的激活方式：

1）直接在绘图工具栏上单击"圆"按钮。

2）选择"绘图"菜单中的"圆"命令。

3）直接在命令行中输入快捷键C。

（2）绘制圆的几种方法：

1）通过指定圆心和半径或直径绘制圆的步骤：在命令栏中输入快捷键 C，指定圆心，指定半径或直径。

2）创建与两个对象相切的圆的步骤：在"草图设置"对话框中选择"切点"对象捕捉模式，在命令栏中输入快捷键 C，单击 T，选择与要绘制的圆相切的第一个对象，选择与要绘制的圆相切的第二个对象，指定圆的半径。

3）三点（3P）画圆：通过单击第一点、第二点、第三点确定一个圆。

4）相切、相切、相切（A）画圆：选择相切的三个对象画一个圆。

5）两点（2P）画圆：通过指定圆的直径方向的两个端点画一个圆。

在"绘图"菜单中提供了6种画圆方法，如图2-7所示。

2．圆弧命令（快捷键为A）

（1）圆弧命令的激活方式：

1）直接在绘图工具栏上单击"圆弧"按钮。

2）选择"绘图"菜单中的"圆弧"命令。

3）直接在命令行中输入快捷键A。

（2）在"绘图"菜单中提供了多种画圆弧的方法：

1）通过指定三点绘制圆弧的方法：确定圆弧的起点位置，确定第二点的位置，确定第三点的位置。

2）通过指定起点、圆心、端点绘制圆弧。

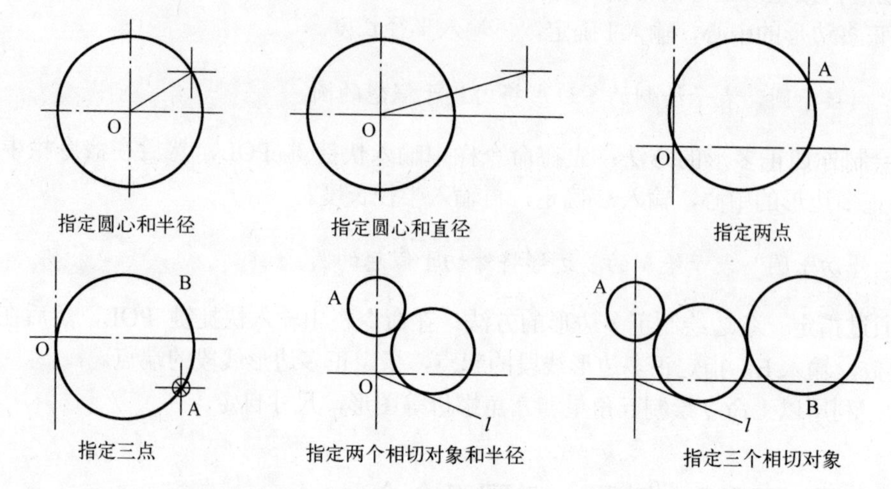

图 2-7 “绘图”菜单中提供的画圆方法

3）已知起点、中心点和端点，可以通过首先指定起点或中心点来绘制圆弧，中心点是指圆弧所在圆的圆心。

4）通过指定起点、圆心、角度绘制圆弧的方法：如果存在可以捕捉到的起点和圆心点，并且已知包含角度，使用“起点、圆心、角度”或“圆心、起点、角度”选项。

5）如果已知两个端点但不能捕捉到圆心，可以使用“起点、端点、角度”选项。

6）通过指定起点、圆心、长度绘制圆弧的方法：如果可以捕捉到的起点和中心点，并且已知弦长，可使用“起点、圆心、长度”或“圆心、起点、长度”选项（弧的弦长决定包含角度）。

3．椭圆命令（快捷键为 EL）

（1）椭圆命令的激活方式：

1）直接在绘图工具栏上单击“椭圆”按钮。

2）选择“绘图”菜单中的“椭圆”命令。

3）直接在命令行中输入快捷键 EL。

（2）绘制椭圆的两种方法（如图 2-8 所示）：

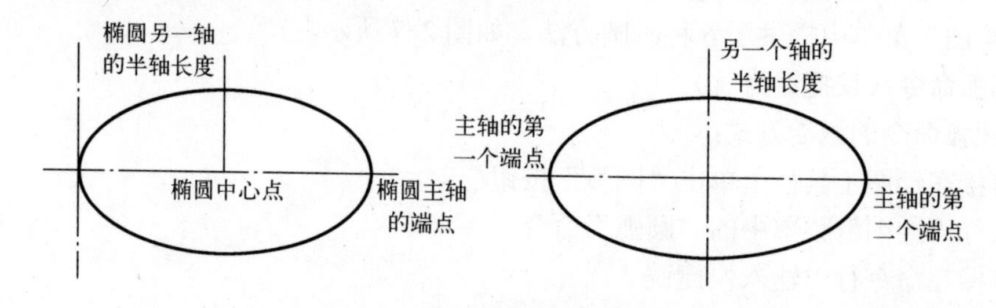

图 2-8 绘制椭圆的方法

1）中心点：通过指定椭圆中心，一个轴（主轴）的端点以及另一个轴的半轴长度绘制椭圆。

2）轴，端点：通过指定一个轴（主轴）的两个端点和另一个轴的半轴长度绘制椭圆。

4．椭圆弧命令

（1）椭圆弧命令的激活方式：

1）直接在绘图工具栏上单击“椭圆弧”按钮。

2）选择“绘图”菜单中的“椭圆弧”命令。

（2）椭圆弧按照命令栏中的提示绘制，顺时针方向是图形去除的部分，逆时针方向是图形保留的部分。

2.4 绘制多线、多段线、修订云线、样条曲线命令

1．多线命令（快捷键为 ML）

多条平行线称为多线，使用多线命令创建的线是整体，用户可以保存多样样式，或者使用默认的两个元素样式，还可以设置每个元素的颜色、线型，如图 2-9 所示。

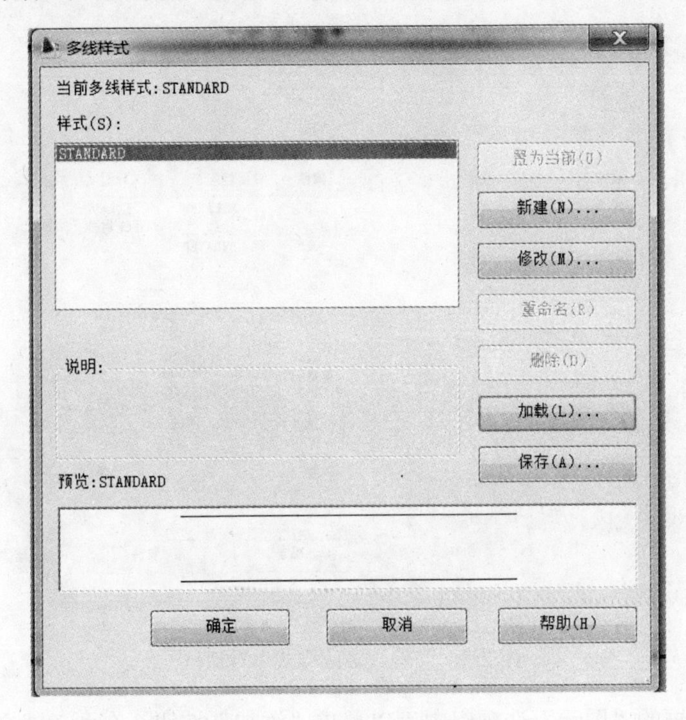

图 2-9 “多线样式”对话框

（1）绘制多线的步骤：

1）从“绘图”菜单中选择“多线”命令。

2）在命令提示下输入 ST，选择一种样式。

3）要列出可用样式，请输入样式名称或输入“?”。用户可以直接输入已有多线样式的名称，也可以输入“?”来显示已有的多线样式。

4）要对正多线，请输入 J 并选择顶端对正、零点对正或底端对正。

● 顶端对正：该选项表示当从左向右绘制多线时，多线上位于最顶端的线将随着光标进行移动。

● 零点对正：该选项表示当绘制多线时，多线的中心线将随着光标移动。

● 底端对正：该选项表示当从左向右绘制多线时，多线最底端的线将随着光标进行移动。

5）要修改多线的比例，请输入 S 后确定，再输入新的比例，确定多线宽度相对于多线定义宽度的比例因子，该比例不影响线型的比例，然后开始绘制多线。

6）指定起点，指定第二点，指定第三点，指定第四点或输入 C 以闭合多线，或按〈Enter〉键结束。

（2）编辑多线样式的步骤：

1）从“格式”菜单中选择“多线样式”命令。

2）在弹出的“多线样式”对话框中输入多线名称，单击“添加”按钮（添加一个多线类型）。

3）单击“修改”按钮，弹出“修改多线样式”对话框，如图 2-10 所示。

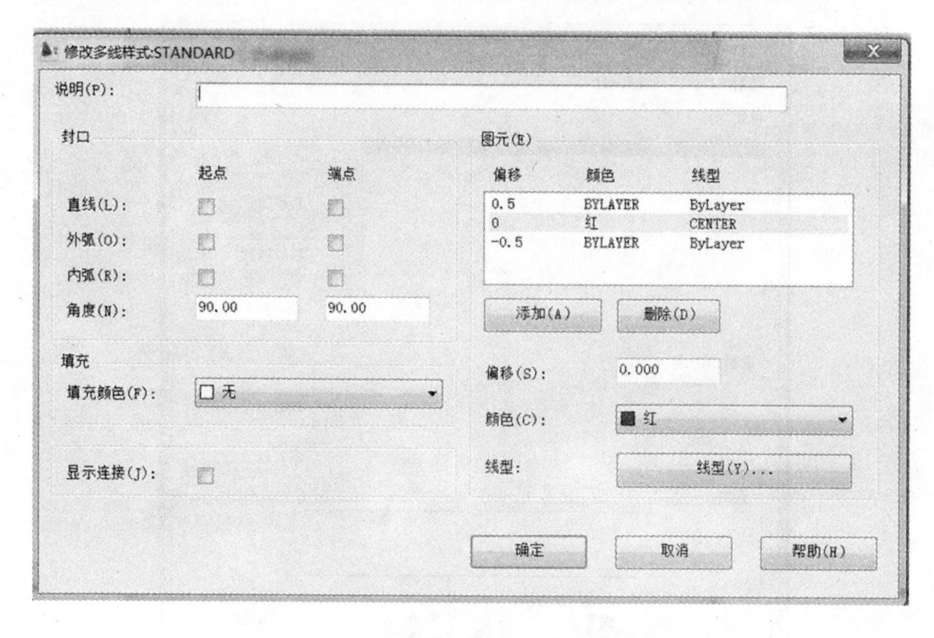

图 2-10 “修改多线样式”对话框

4）在该对话框的“图元”选项组中可以单击“添加”按钮，在两条线之间添加直线。

5）在列表中选中不同的线，可改变其颜色、线型。

6）在“多线样式”对话框中单击“保存”按钮，将对样式的修改保存到指定文件夹中。

7）单击“确定”按钮，退出对话框。

（3）编辑多线的步骤：

在“修改”菜单中选择“对象”→“多线”命令，打开“多线编辑工具”对话框，如图 2-11 所示。

1）添加和删除多线顶点。

2）编辑多线交点。如果图形中有两条多线，则可以控制它们相交的方式。多线可以相交成十字形或T字形，并且十字形或T字形可以被闭合、打开或合并。

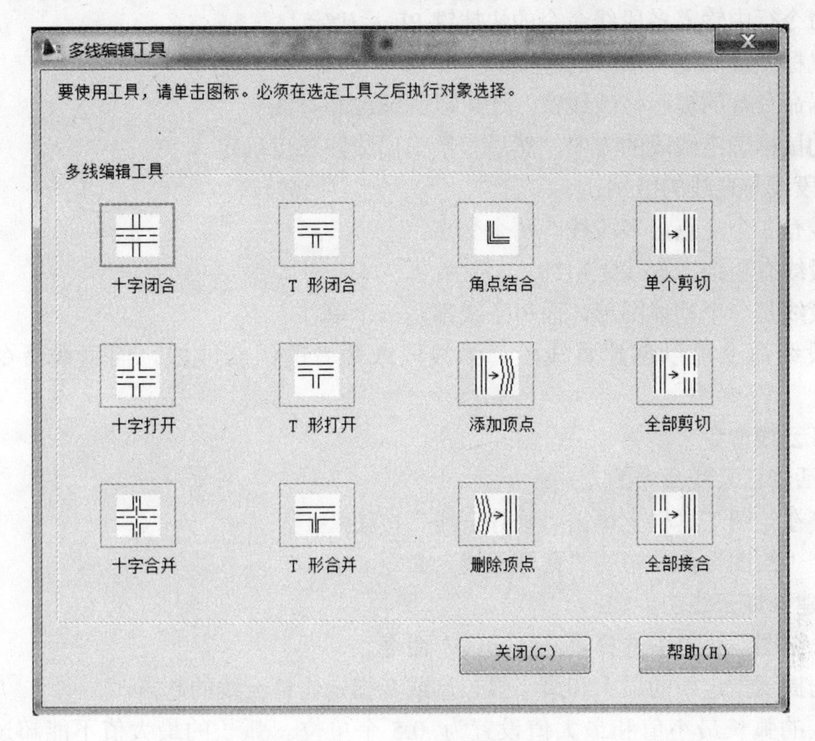

图2-11 “多线编辑工具”对话框

3）单个剪切：剪切多线上的选定元素。选择样例图像后，将多线上的选定点用作第一个剪切点并显示以下提示：

选择第二个点：在多线上指定第二个剪切点

4）全部剪切：将多线剪切为两个部分。选择样例图像后，将多线上的选定点用作第一个剪切点并显示以下提示：

选择第二个点：在多线上指定第二个剪切点

5）全部接合：将已被剪切的多线线段重新接合起来。将多线上的选定点用作接合的起点并显示以下提示：

选择第二个点：在多线上指定接合的终点

2．多段线命令（快捷键为PL）

多段线是作为单个对象创建的相互连接的序列线段，画出来的是一个整体，而用直线命令创建的是独立的对象，用多段线命令可以创建直线段、弧线段或两者的组合线段。

（1）多段线命令的激活方式：

1）直接在绘图工具栏上单击“多段线”按钮。

2）选择“绘图”菜单中的“多段线”命令。

3）直接在命令行中输入快捷键PL。

（2）创建多段线的步骤：

1）在命令行中输入多段线命令的快捷键 PL 后确定。

2）用鼠标左键确定多段线的起点。

3）根据命令行的提示修改线宽，还可以画弧线和直线。

4）拖动鼠标确定线段的方向，然后直接拖出线段长度确定。

（3）多段线与直线的区别：

1）直线有 3 个交点，多段线有两个交点。

2）多段线有粗细，直线无粗细。

3）多段线是一个整体图形，而每条线都是一个单体。

4）多段线命令可以创建直线段、弧线段或两者的组合线段，而直线命令不能绘制弧线。

3．修订云线命令

（1）激活修订云线命令的方式：

1）直接在绘图工具栏上单击“修订云线”按钮。

2）选择“绘图”菜单中的“修订云线”命令。

（2）创建修订云线的步骤：

1）在“绘图”菜单中选择“修订云线”命令。

2）根据提示指定新的最大和最小弧长，或者指定修订云线的起点。

3）默认的弧长最小值和最大值设置为 0.5 个单位。弧长的最大值不能超过最小值的 3 倍。

4）沿着云线路径移动十字光标。如果要更改圆弧的大小，可以沿着路径单击拾取点。

5）可以随时按〈Enter〉键停止绘制修订云线。

6）如果要闭合修订云线，请返回到它的起点。

4．样条曲线命令（快捷键为 SPL）

样条曲线命令用于绘制不规则图形，表现山峰、池塘以及油藏等。

（1）样条曲线命令的激活方式：

1）直接在绘图工具栏上单击“样条曲线”按钮。

2）选择“绘图”菜单中的“样条曲线”命令。

3）直接在命令行中输入快捷键 SPL。

（2）创建样条曲线的步骤：

1）在“绘图”菜单中选择“样条曲线”命令，或者输入快捷键 SPL。

2）根据提示单击第一点、第二点，当要结束命令时，按 3 次空格键/〈Enter〉键/鼠标右键或者输入 C 并按 2 次〈Enter〉键结束。

3）拟合公差：实际曲线与所指定点偏离的距离。

2.5　添加文字、图案填充、块命令

1．文字命令（快捷键为 T）

文字分为多行文字和单行文字两种类型。多行文字：输入的所有文字是一个整体。

单行文字：也可以输入多行文字，但是输入的每行都是一个独立的对象。

（1）文字命令的激活方式：

1）直接在绘图工具栏上单击“文字”按钮 A。

2）选择“绘图”菜单中的“文字”命令。

3）在命令栏中直接输入快捷键 T。

（2）绘制文字的步骤：

1）在命令栏中输入文字命令的快捷键 T 后确定。

2）输入文字时，要用鼠标左键画出文字所在的范围，在其对话框中可以设置字体、颜色等。

注： 修改文字的快捷键为 ED，双击文字也可以对它进行修改，当文字显示为问号（?）时，说明字体不对或者没有字体名所对应的字体，应选择正确的字体，有@的文字横向摆放或不可用。对于特殊符号，通过该符号的控制符来进行输入，常用的特殊符号的控制符见表 2-1。

表 2-1　常用特殊符号的控制符

控 制 符	功 能
%%O	打开或关闭文字上画线
%%U	打开或关闭文字下画线
%%D	标注度（°）符号
%%P	标注正负公差（±）符号
%%C	标注直径（φ）符号

【例 2-3】 先按图 2-12 绘制图形，尺寸自定，然后创建文字样式及添加单行文字。

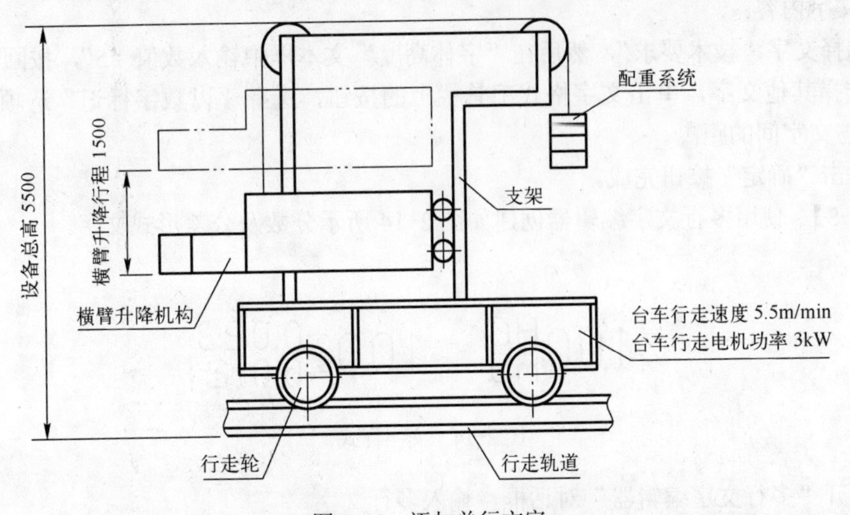

图 2-12　添加单行文字

1）选择“格式”→“文字样式”命令，打开“文字样式”对话框。

2）单击“新建”按钮，打开“新建文字样式”对话框，在“样式名”文本框中输入文字样式的名称“仿宋”。

3）单击“确定”按钮，返回“文字样式”对话框，在“SHX字体”下拉列表中选择“gbeitc.shx”，选中“使用大字体”复选框，然后在“大字体”下拉列表中选择“gbcbig.shx”。

4）单击“应用”按钮，然后退出“文字样式”对话框。

5）用DTEXT命令创建单行文字。

【例2-4】 先按图2-13绘制图形，尺寸自定，然后用MTEXT命令创建多行文字。

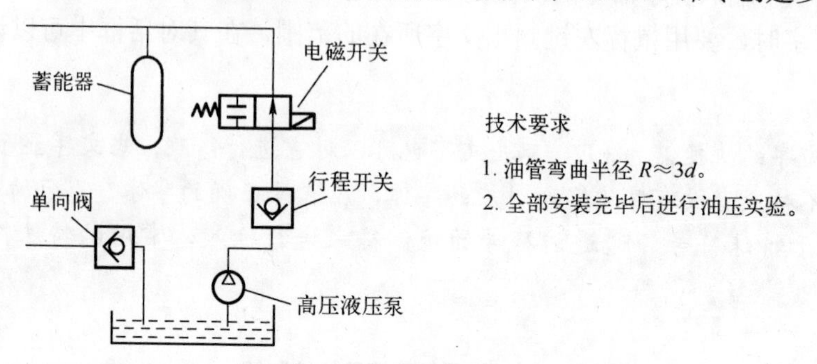

图2-13 添加多行文字

1）创建新文字样式，并使该样式成为当前样式。新样式的名称为“仿宋”，与之相连的字体文件是“仿宋字”。

2）单击绘图工具栏上的多行文字按钮或输入MTEXT命令，AutoCAD提示如下：

指定第一角点：在屏幕上任一点单击或输入坐标值
指定对角点：在屏幕上任一点单击或输入坐标值

3）系统弹出“多行文字编辑器”对话框，在“字体高度”文本框中输入数值“3.5”，然后输入文字内容。

4）选择文字“技术要求”，然后在“字体高度”文本框中输入数值“5”，按回车键。

5）选择其他文字，单击文字格式工具栏上的按钮，选择“以数字标记”选项，再调整标记数字与文字间的距离。

6）单击“确定”按钮完成。

【例2-5】 使用多行文字编辑器创建如图2-14所示分数及公差形式文字。

$$\varnothing 100\frac{H6}{m5} \quad 100^{+0.023}_{-0.012}$$

图2-14 文字样式

1）打开“多行文字编辑器”对话框，输入多行文字。

2）选择文字“H6/m5”，然后单击“堆叠”按钮。

3）选择文字“+0.023^−0.012”，然后单击“堆叠”按钮。

4）单击“确定”按钮完成。

2．图案填充命令（快捷键为 H）

使用图案填充命令可以填充封闭或不封闭的图形，起说明/表示作用，它是一个辅助工具。

（1）图案填充命令的激活方式：

1）直接在绘图工具栏上单击“填充”按钮。

2）选择“绘图”菜单中的“填充”命令。

3）在命令栏中直接输入快捷键 H。

（2）图案填充选定对象的步骤：

1）在命令栏中输入 H，然后在其对话框中单击“添加：选择对象”按钮。

2）指定要填充的对象，对象不必构成闭合边界，也可以指定任何不应被填充的弧状物体。

下面介绍一下“图案填充和渐变色”对话框，如图 2-15 所示。

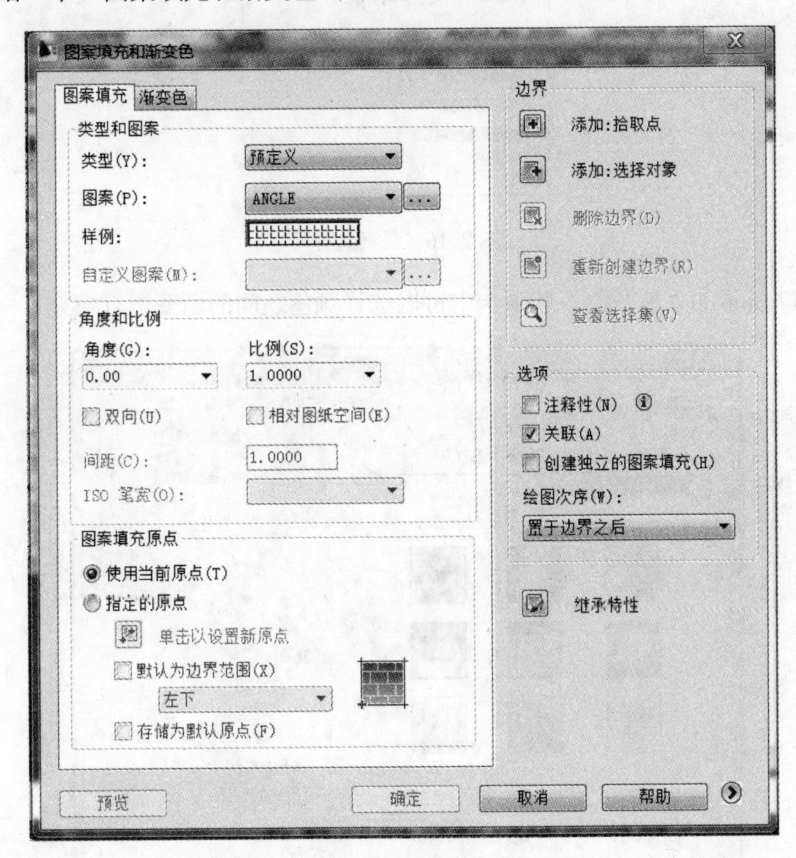

图 2-15　图案填充

在“类型和图案”选项组中可以设置图案填充的类型和图案。

- 拾取点：指以鼠标左键单击位置为准向四周扩散，遇到线形就停，所有显示虚线的图形是填充的区域，一般填充的是封闭的图形。
- 选择对象：指鼠标左键击中的图形为填充区域，一般用于不封闭的图形。
- 继承特性：图案的类型、角度和比例完全一致的复制，在另一填充区域内关联状态下的填充是指填充图形中有障碍图形的，当删除障碍图形时，障碍图形内的空白位置被填充图案自动修复。

在“角度和比例”选项组中可以设置用户定义类型的图案填充的角度和比例等参数。

注：比例大小要适当，过大过小都会造成填充不上。

在图 2-16 所示的孤岛选择中，在所需要的孤岛检测前面打钩。

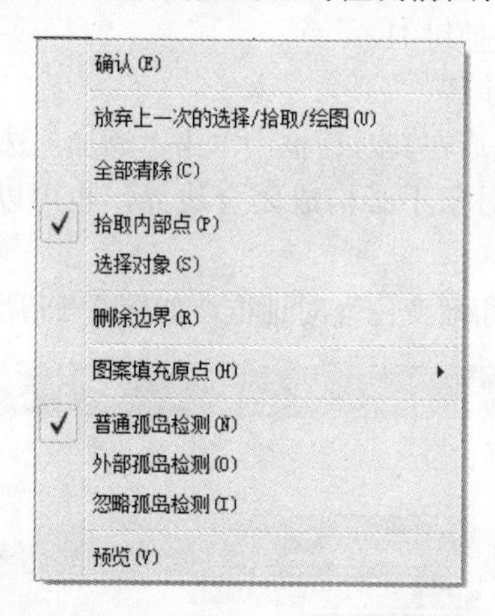

图 2-16　孤岛选择

在图 2-17 所示的“渐变色”选项卡中可以选择颜色之间的渐变进行填充。

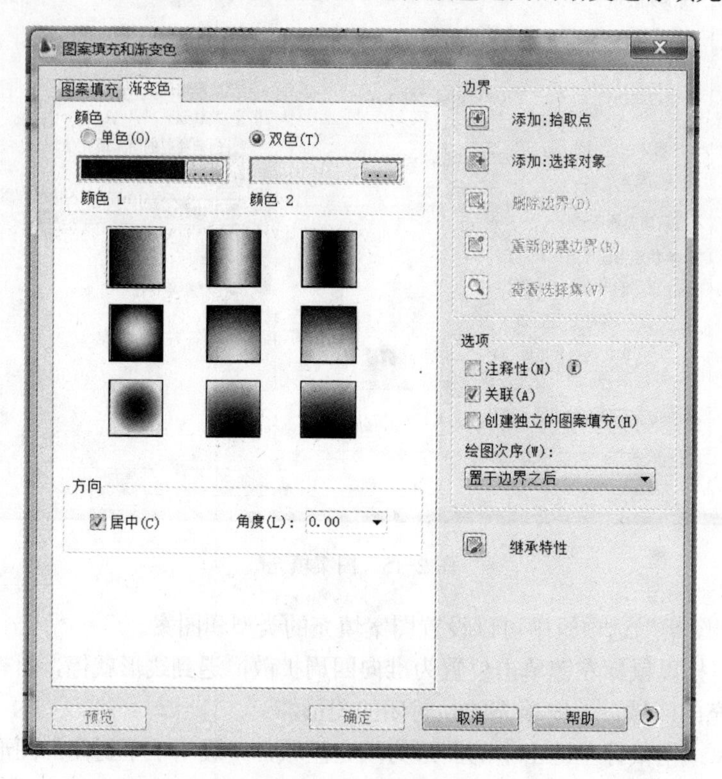

图 2-17　渐变色

3. 块命令

块也称为图块，它是 AutoCAD 软件图形设计中的一个重要概念。在绘制图形时，如果图形中有大量相同或相似的内容，或者所绘制的图形与已有的图形文件相同，则可以把要重复绘制的图形创建成块，并根据需要为块创建属性，指定块的名称、用途及设计者等信息，在需要时直接插入它们，从而提高绘图效率。

当然，用户也可以把已有的图形文件以参照的形式插入到当前图形中（即外部参照），或是通过 AutoCAD 软件设计中心浏览、查找、预览、使用和管理 AutoCAD 软件的图形、块、外部参照等不同的资源文件。

块是一个或多个对象组成的对象集合，常用于绘制复杂、重复的图形。一旦一组对象组合成块，就可以根据作图需要将这组对象插入到图中任意的指定位置，而且还可以按不同的比例和旋转角度插入。在 AutoCAD 软件中，使用块可以提高绘图速度、节省存储空间、便于用户修改图形。

下面介绍创建块、插入块、写块命令。

（1）创建块命令（快捷键为 B）。

创建块是指将所有单图形合并成一个图形，其交点只有一个。

创建块命令的激活方法：

1）直接在绘图工具栏上单击“创建块”按钮，弹出“块定义”对话框，如图 2-18 所示。

2）选择“绘图”菜单中的“创建块”命令。

3）在命令栏中直接输入快捷键 B。

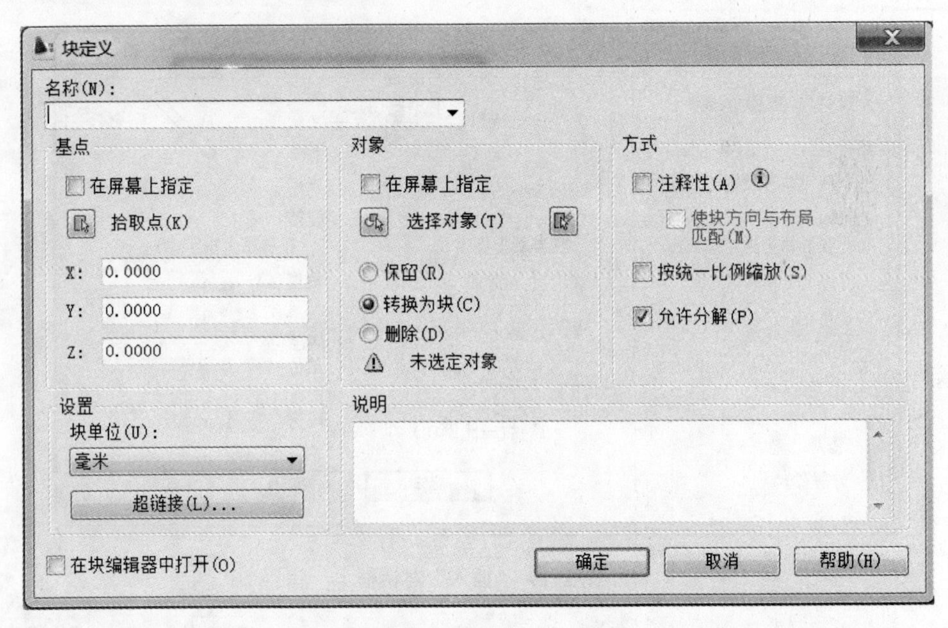

图 2-18 “块定义”对话框

将当前图形定义为块的步骤。

1）创建要在块定义中使用的对象。

2）在“绘图”菜单中选择“块”中的“创建”命令。

3）在“块定义”对话框的“名称”文本框中输入块名。

4）在“对象”下选择“转换为块”单选按钮，如果需要在图形中保留用于创建块定义的原对象，请确保未选择“删除”单选按钮，如果选择了该单选按钮，将从图形中删除原对象。

5）单击“选择对象”后确定。

“块定义”对话框中主要选项的功能如下。

1）“名称”文本框：用于输入块的名称，最多可使用255个字符。

2）“基点”选项区域：用于设置块的插入基点位置。

3）“对象”选项区域：用于设置组成块的对象。

4）“预览图标”选项区域：用于设置是否根据块的定义保存预览图标。如果保存了预览图标，通过设计中心能够预览该图标。

5）“块单位”下拉列表框：用于设置从设计中心拖动块时的缩放单位。

6）“说明”文本框：用于输入当前块的说明部分。

（2）插入块命令（快捷键为I）。

使用插入块命令可以在图形中插入块或其他图形，在插入的同时还可以改变所插入块或图形的比例与旋转角度。

插入块命令的激活方法：

1）直接在绘图工具栏上单击“插入块”按钮，弹出“插入”对话框，如图2-19所示。

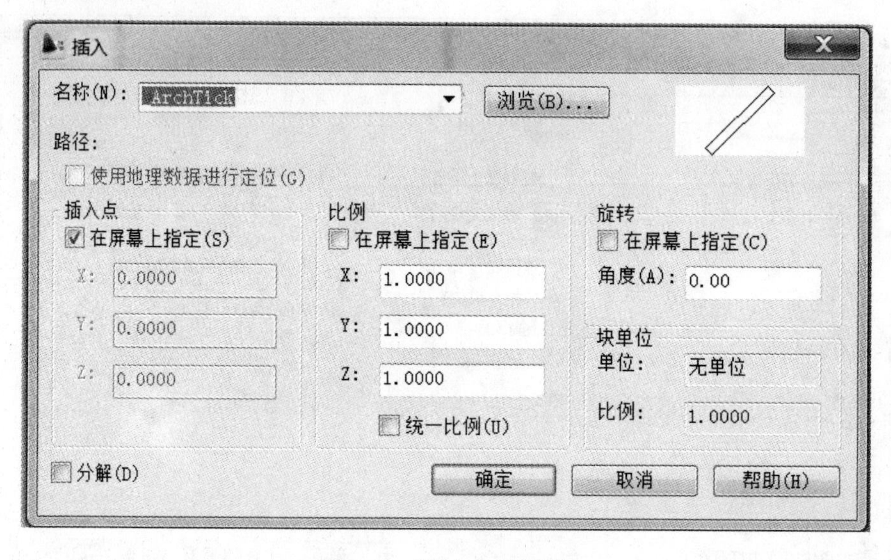

图2-19 “插入”对话框

2）在命令栏中直接输入快捷键I。

“插入”对话框中主要选项的功能如下。

1）“名称”下拉列表框：用于选择块或图形的名称，用户也可以单击其后的“浏览”按钮，打开“选择图形文件”对话框，选择要插入的块和外部图形。

2）“插入点”选项区域：用于设置块的插入点位置。

3）“比例”选项区域：用于设置块的插入比例，可不等比例地缩放图形，在 X、Y、Z 三个方向上进行缩放。

4）“旋转”选项区域：用于设置块在插入时的旋转角度。

5）“分解”复选框：选中该复选框，可以将插入的块分解成组成块的各基本对象。

（3）写块命令（快捷键为 W）。

使用写块命令可以将块以文件的形式存入磁盘。执行写块命令时会弹出“写块”对话框，如图 2-20 所示。

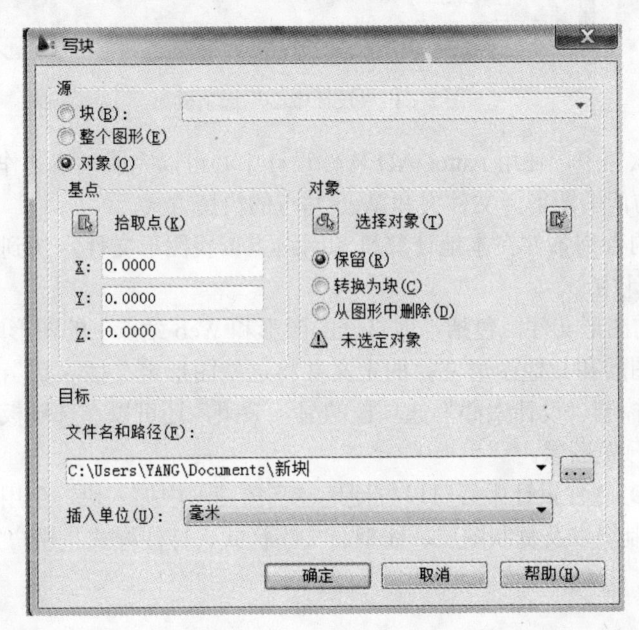

图 2-20 “写块”对话框

“写块”对话框中主要选项的含义如下。

1）“源”选项区域：设置组成块的对象来源。

①“块”单选按钮：可以将创建的块写入磁盘。

②“整个图形”单选按钮：可以把全部图形写入磁盘。

③“对象”单选按钮：可以指定需要写入磁盘的块对象。

2）“目标”选项区域：设置块的保存名称、位置。

4. 设计中心（快捷键为〈Ctrl+2〉）

AutoCAD 软件设计中心（AutoCAD 软件的 Design Center，简称 ADC）为用户提供了一个直观且高效的工具，它与 Windows 资源管理器类似。选择“工具”→“设计中心”命令，或在标准工具栏中单击“设计中心”按钮，可以打开“设计中心”选项板，如图 2-21 所示。

（1）“文件夹”选项卡：显示所有文件的名称，左栏显示文件夹名称及所在的位置，右栏显示图形。

（2）“打开的图形”选项卡：显示当前所选图形的属性。

（3）“历史记录”选项卡：记录最近打开的文件。

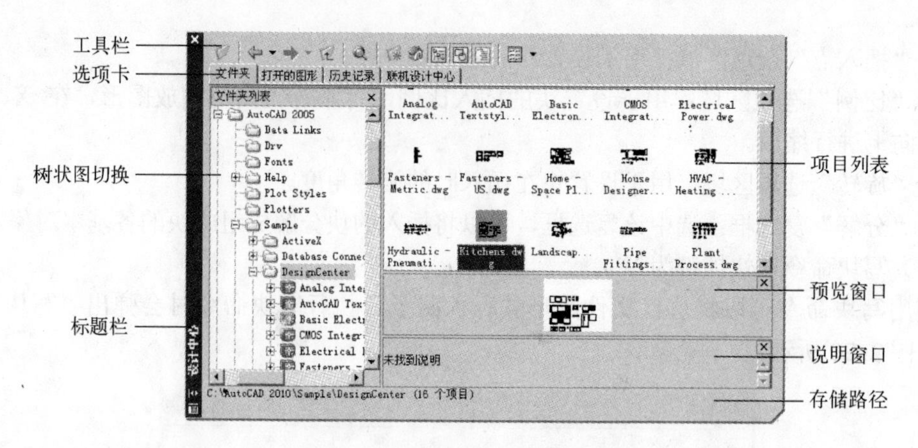

图 2-21 “设计中心”选项板

在 AutoCAD 软件中，使用 AutoCAD 软件设计中心可以完成以下工作：

1）创建频繁访问的图形、文件夹和 Web 站点的快捷方式。

2）根据不同的查询条件在本地计算机和网络上查找图形文件，找到后可以将它们直接加载到绘图区或设计中心。

3）浏览不同的图形文件，包括当前打开的图形和 Web 站点上的图形库。

4）查看块、图层和其他图形文件的定义并将这些图形定义插入到当前图形文件中。通过控制显示方式来控制“设计中心”选项板的显示效果，还可以在选项板中显示与图形文件相关的描述信息和预览图像。

使用 AutoCAD 软件设计中心可以方便地在当前图形中插入块，引用光栅图像及外部参照，在图形之间复制块以及复制图层、线型、文字样式、标注样式、用户定义的内容等。

2.6 小结

本章重点介绍了如何创建直线、矩形、圆、椭圆、多线、多段线及正多边形等基本几何对象，并提供了一系列绘图实例供读者实战练习。

本章还介绍了如何在图形中添加文字注释、如何编辑文字、怎样输入特殊字符及有效地控制文字外观等内容。

AutoCAD 图形中文本的外观都是由文字样式来控制的。在默认情况下，当前文字样式是“Standard”，用户可以根据需要创建新的文字样式。文字样式是文本设置的集合，它决定了文本的字体、高度、宽度及倾斜角度等特性，通过修改某些设置能快速地改变文本的外观。

AutoCAD 提供了灵活的创建文字信息的方法，对于较简短的文字项目，可以使用单行文字，而对于较复杂的输入项，则可采取多行文字。用户利用 DTEXT 命令创建单行文字，此命令的最大优点是它能一次在图形的多个位置放置文本而无须退出命令。利用 MTEXT 命令可生成多行文字，它提供了许多在 Windows 文字处理中才有的功能，如建立下画线文字、在段落文本内部使用不同的字体及创建层叠文字等。

单行文字和多行文字可以被移动、旋转、复制及修改内容或外观等。使用 DDEDIT 命令可以方便地改变文本的内容，PROPERTIES 命令则提供了更多的编辑功能，可以修改更多的文字属性。

在 AutoCAD 中可以创建表对象，表对象的外观主要由表格样式控制。对于已生成的表格对象，学员可以很方便地修改其形状或编辑其中的文字信息。

另外，要注意创建块与写块的作用与区别，以及插入块的方法。

在填充命令中要区分“拾取点”与“选择对象”命令。在填充命令中使用“角度”与“比例”，并注意填充命令中的几种填充样式与渐变色的使用。

2.7 章后练习

1．掌握多线的绘制及样式的设置，多段线的绘制及创建矩形的几种方法，并完成下列图形的绘制。自己定尺寸，绘制结果如练习图 2-1 所示。

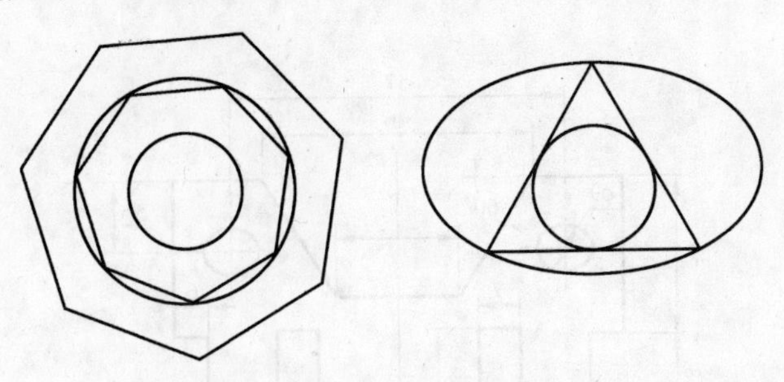

练习图 2-1　平面图形（1）

2．用所学基本命令绘制图形，如练习图 2-2～2-28 所示。

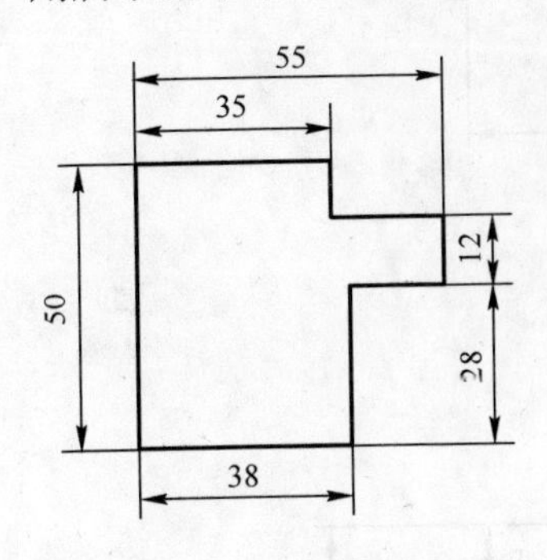

练习图 2-2　平面图形（2）

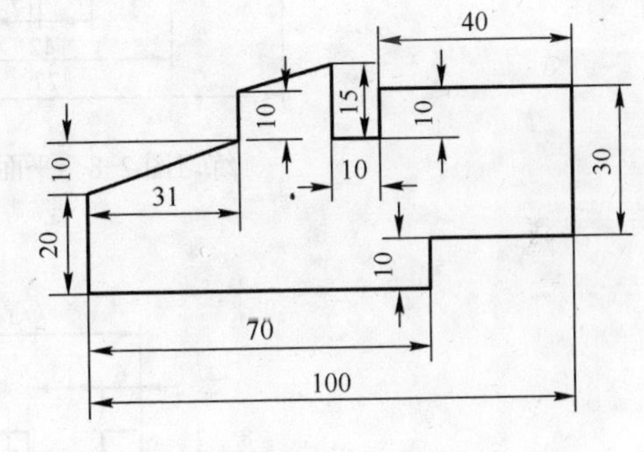

练习图 2-3　平面图形（3）

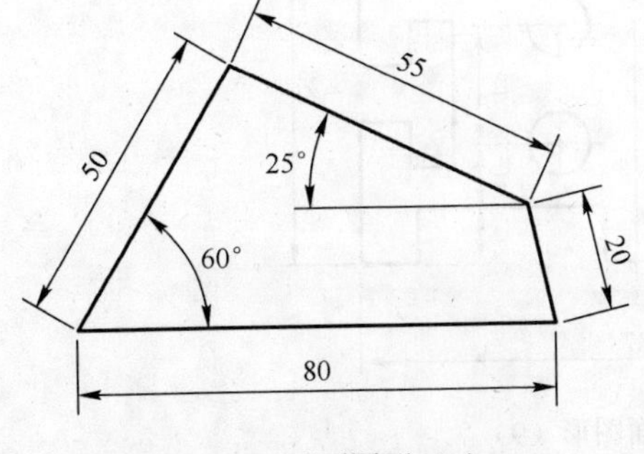

练习图 2-4　平面图形（4）

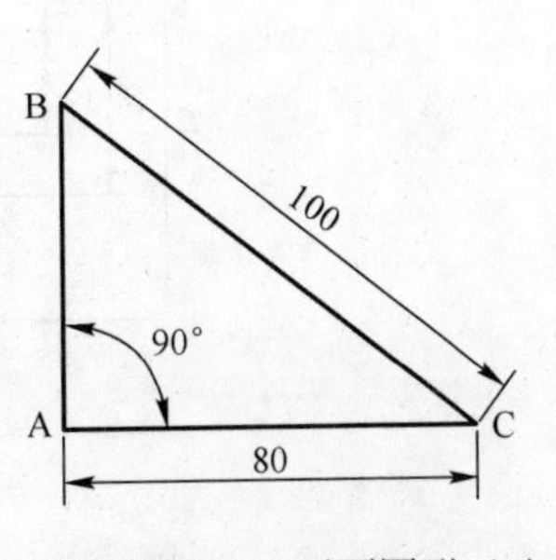

练习图 2-5　平面图形（5）

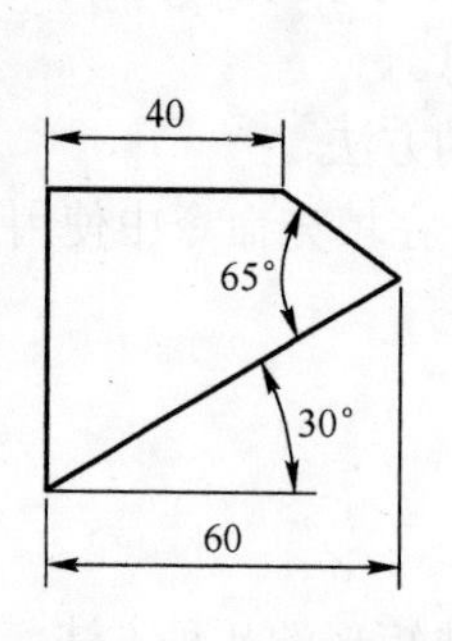

练习图 2-6　平面图形（6）

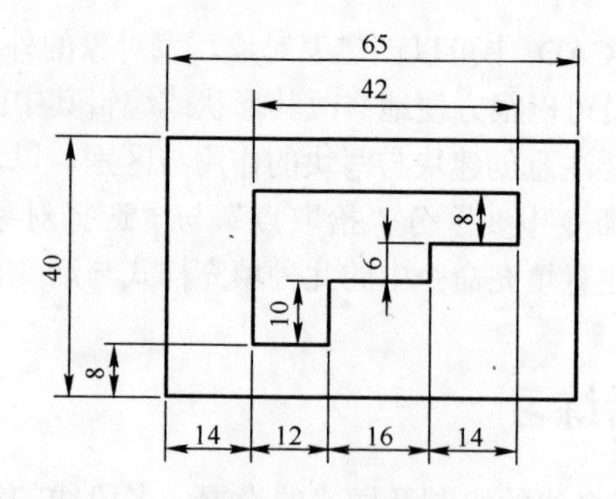

练习图 2-7　平面图形（7）

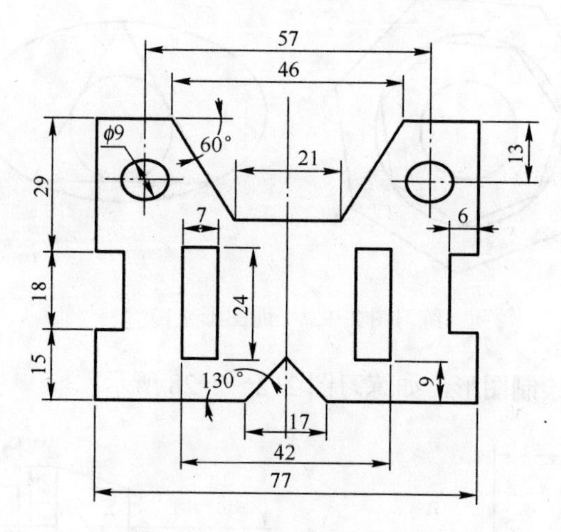

练习图 2-8　平面图形（8）

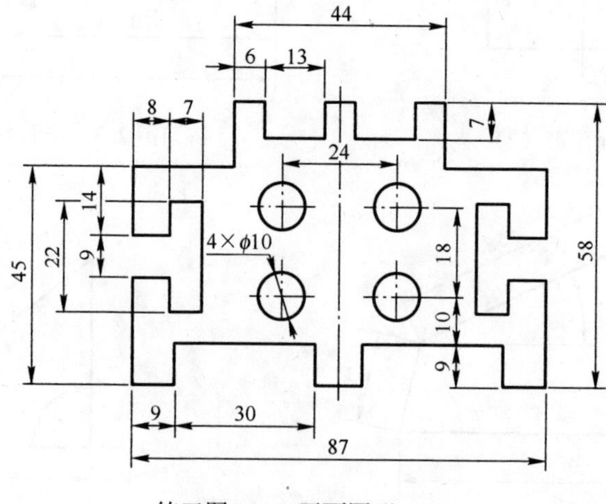

练习图 2-9　平面图形（9）

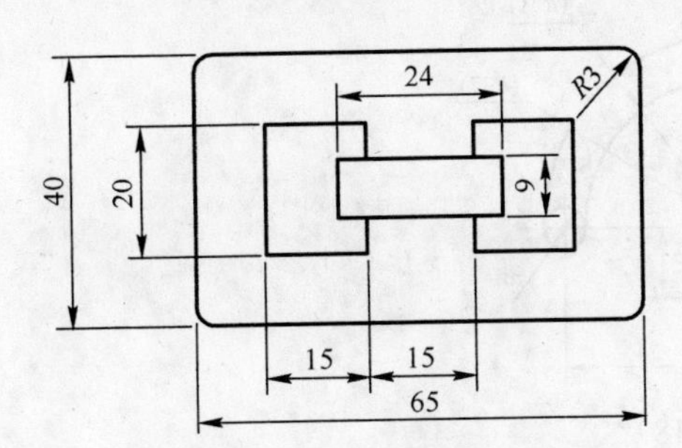

练习图 2-10　平面图形（10）

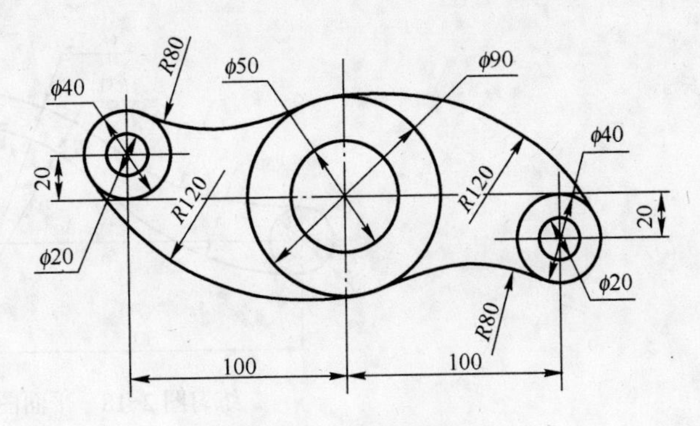

练习图 2-11　平面图形（11）

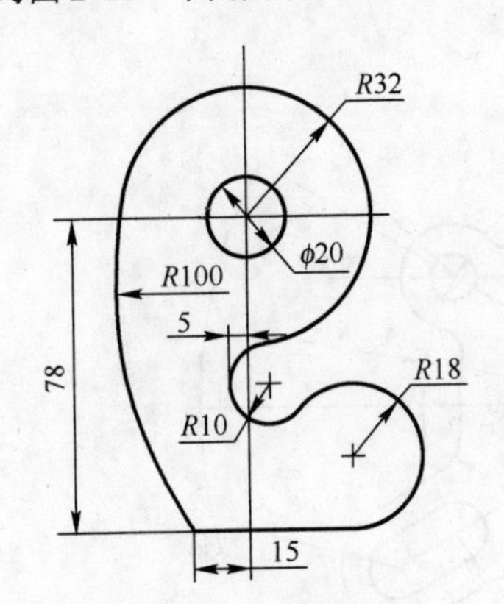

练习图 2-12　平面图形（12）

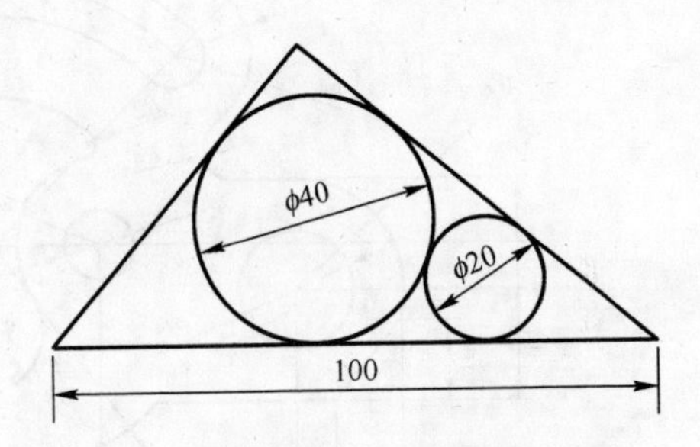

练习图 2-13　平面图形（13）

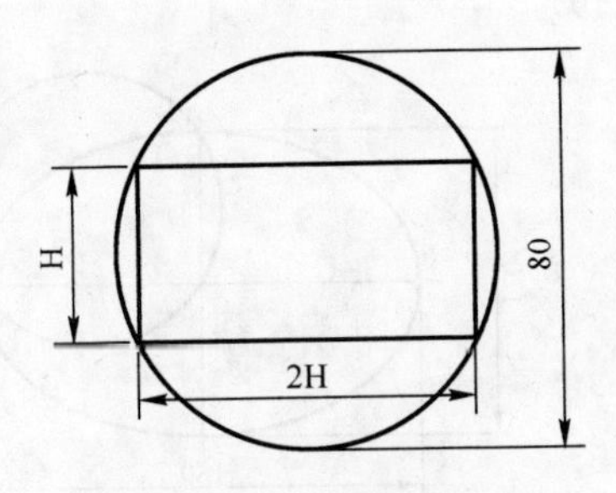

练习图 2-14　平面图形（14）

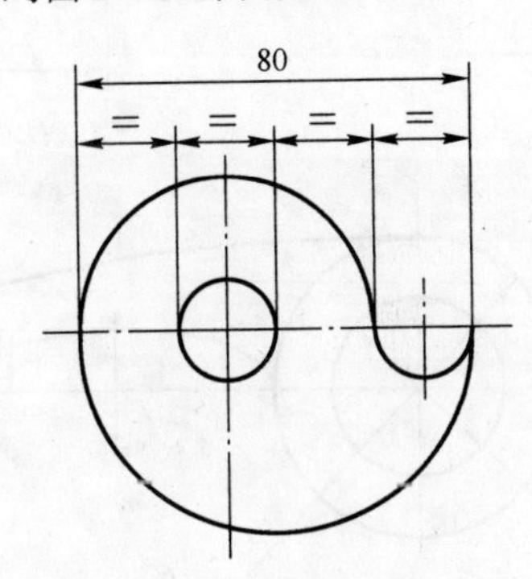

练习图 2-15　平面图形（15）

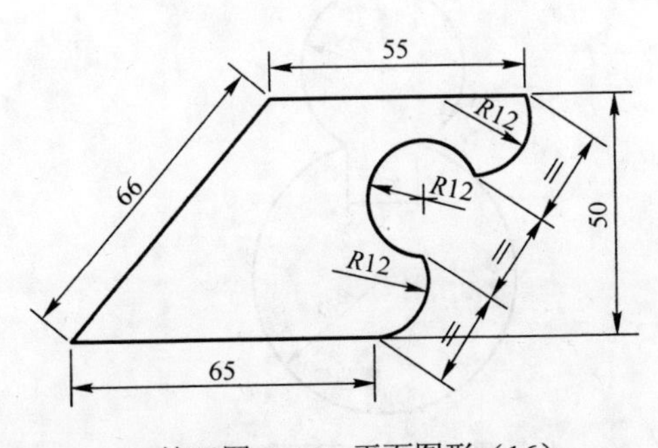

练习图 2-16　平面图形（16）

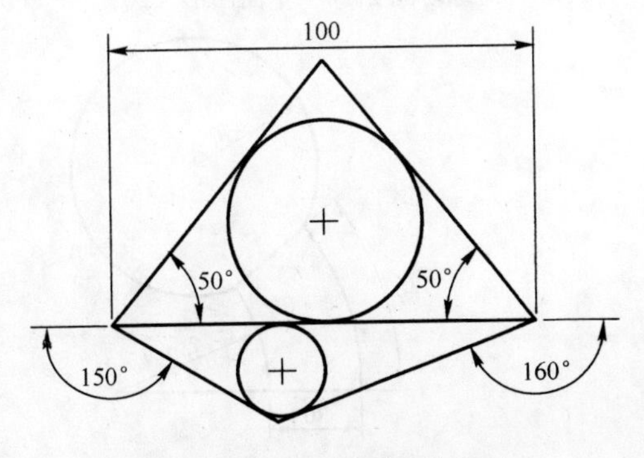

练习图 2-17　平面图形（17）

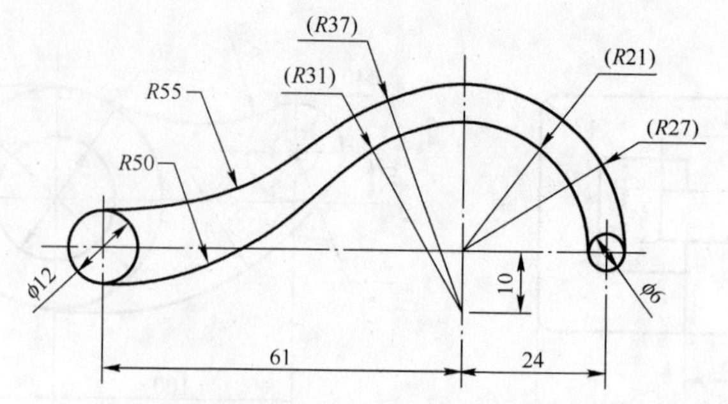

练习图 2-18　平面图形（18）

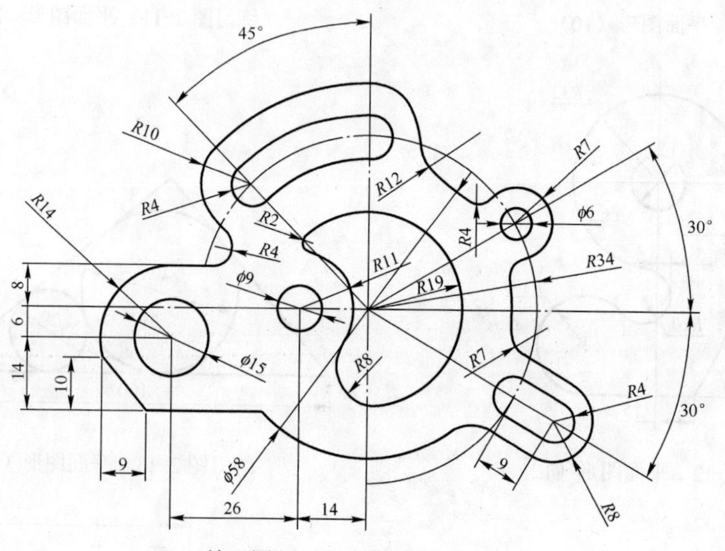

练习图 2-19　平面图形（19）

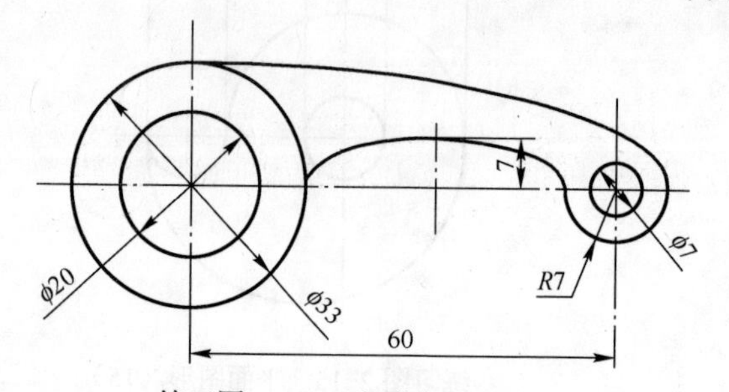

练习图 2-20　平面图形（20）

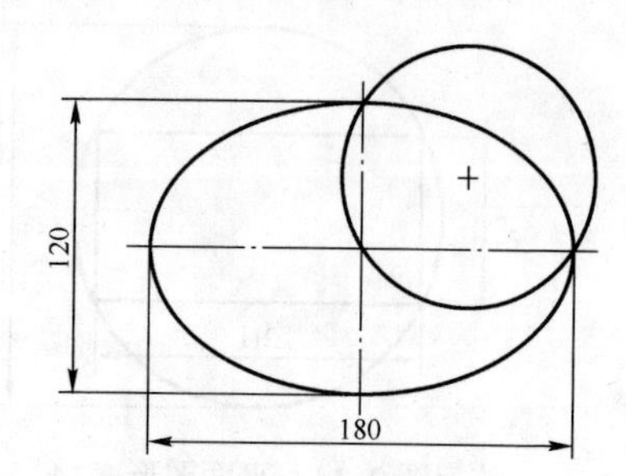

练习图 2-21　平面图形（21）

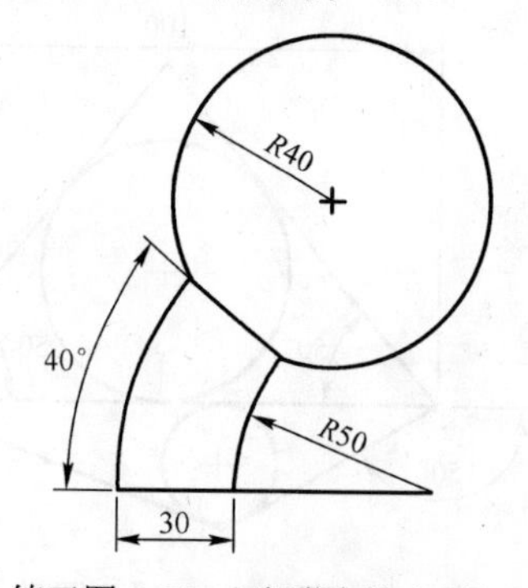

练习图 2-22　平面图形（22）

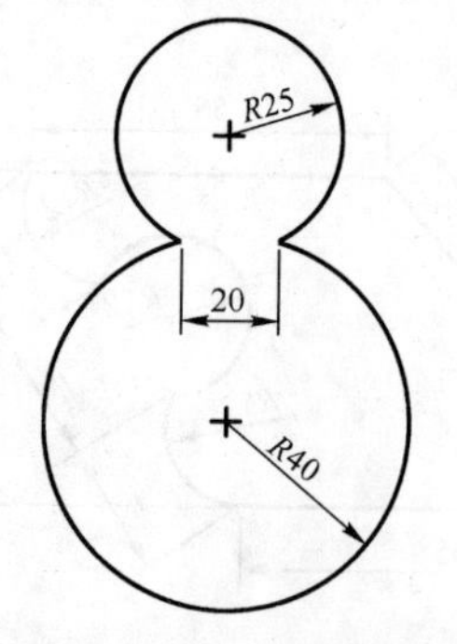

练习图 2-23　平面图形（23）

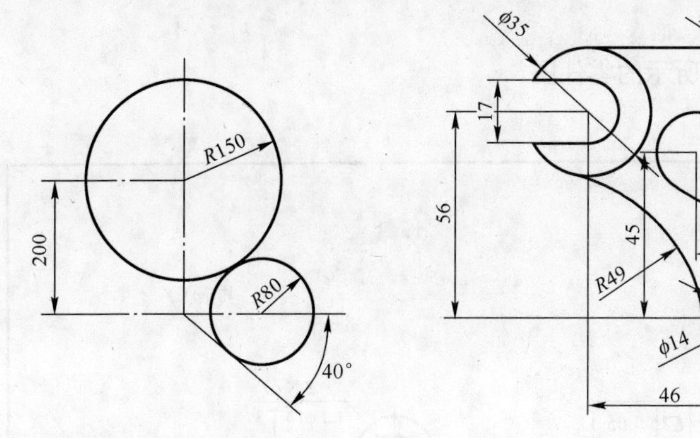

练习图 2-24　平面图形（24）　　练习图 2-25　平面图形（25）

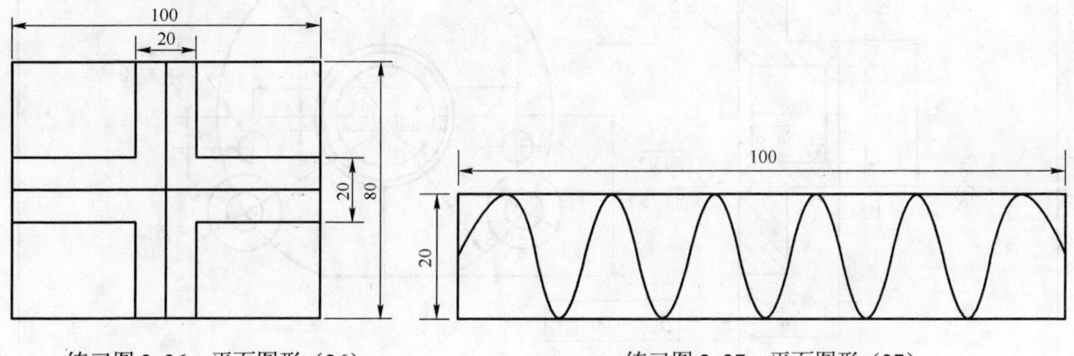

练习图 2-26　平面图形（26）　　练习图 2-27　平面图形（27）

3．先画图（尺寸自定），然后将右边的小圆做成块插入到左图的各个圆中，图块名自定，如练习图 2-29 所示。

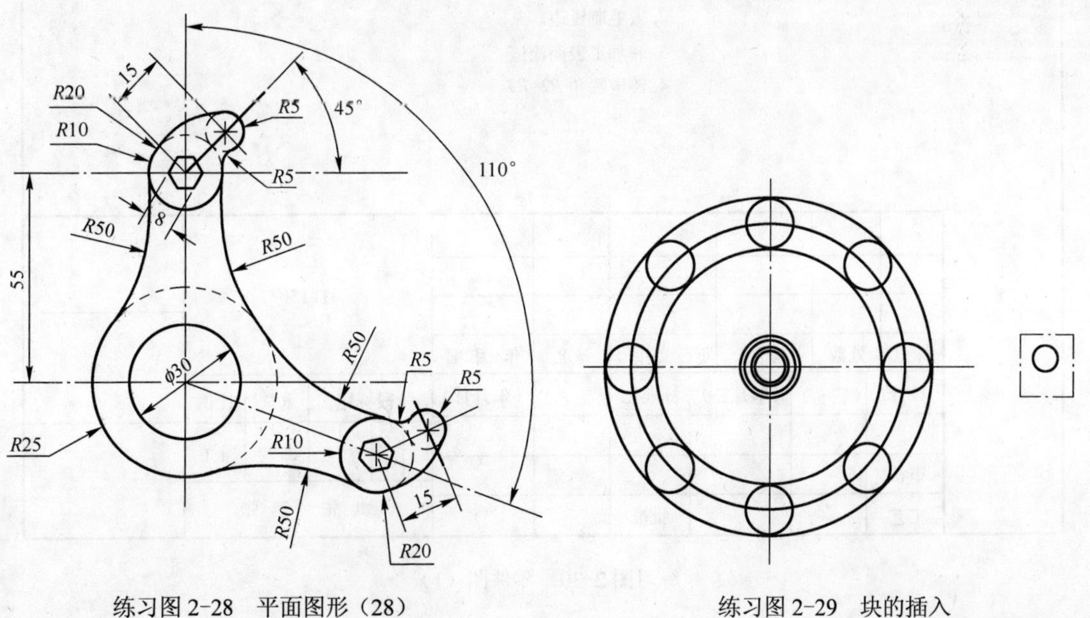

练习图 2-28　平面图形（28）　　练习图 2-29　块的插入

4．绘制如练习图 2-30～2-32 所示的零件图。

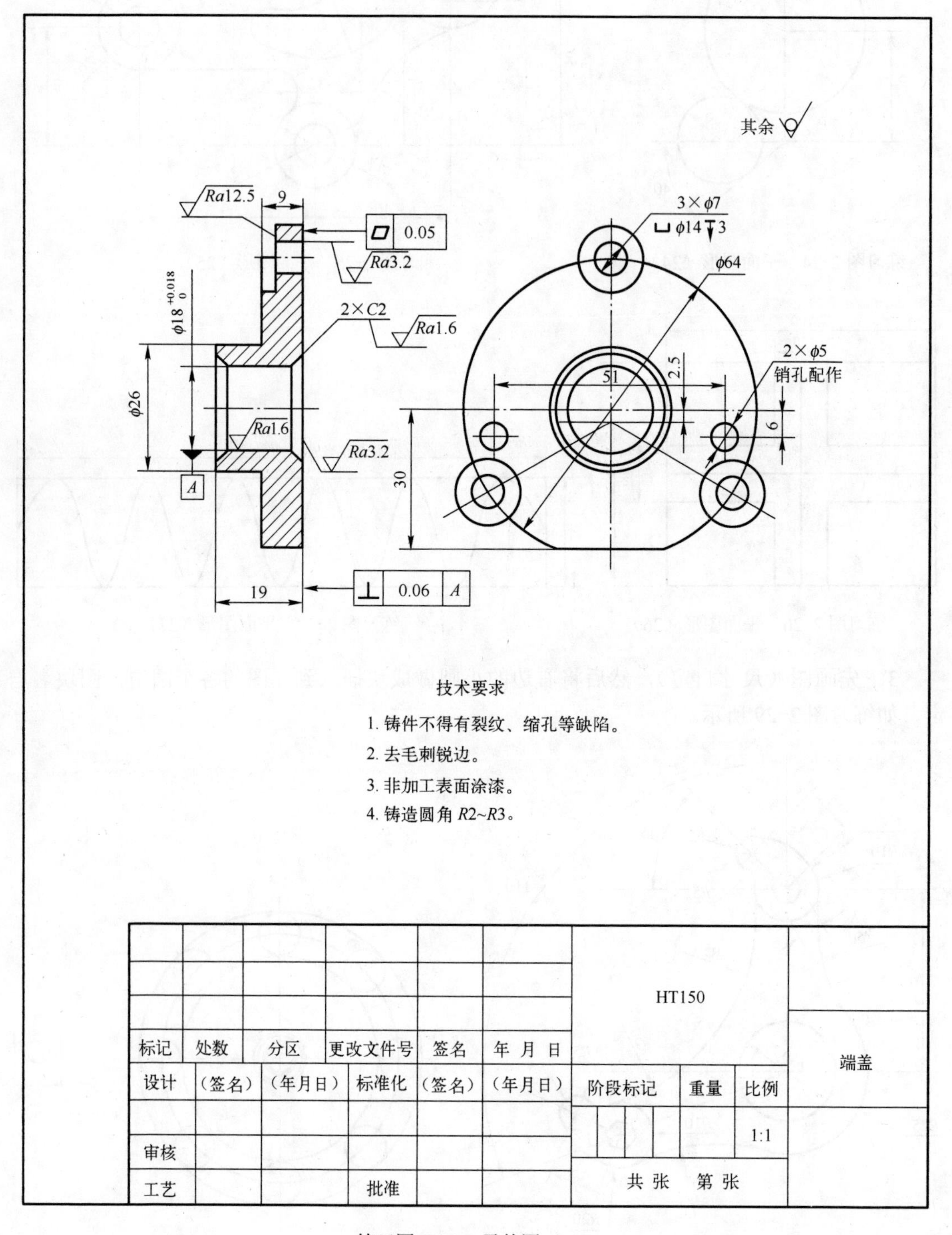

练习图 2-30　零件图（1）

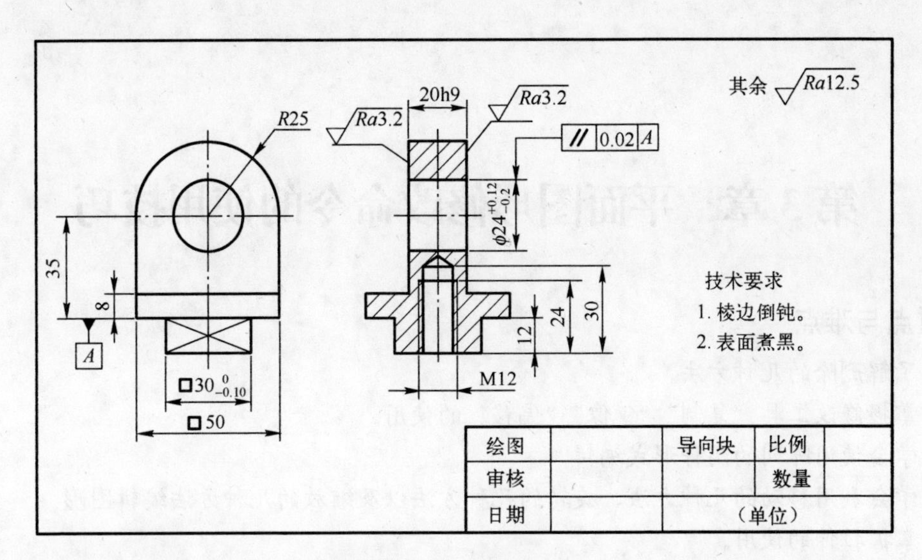

练习图 2-31　零件图（2）

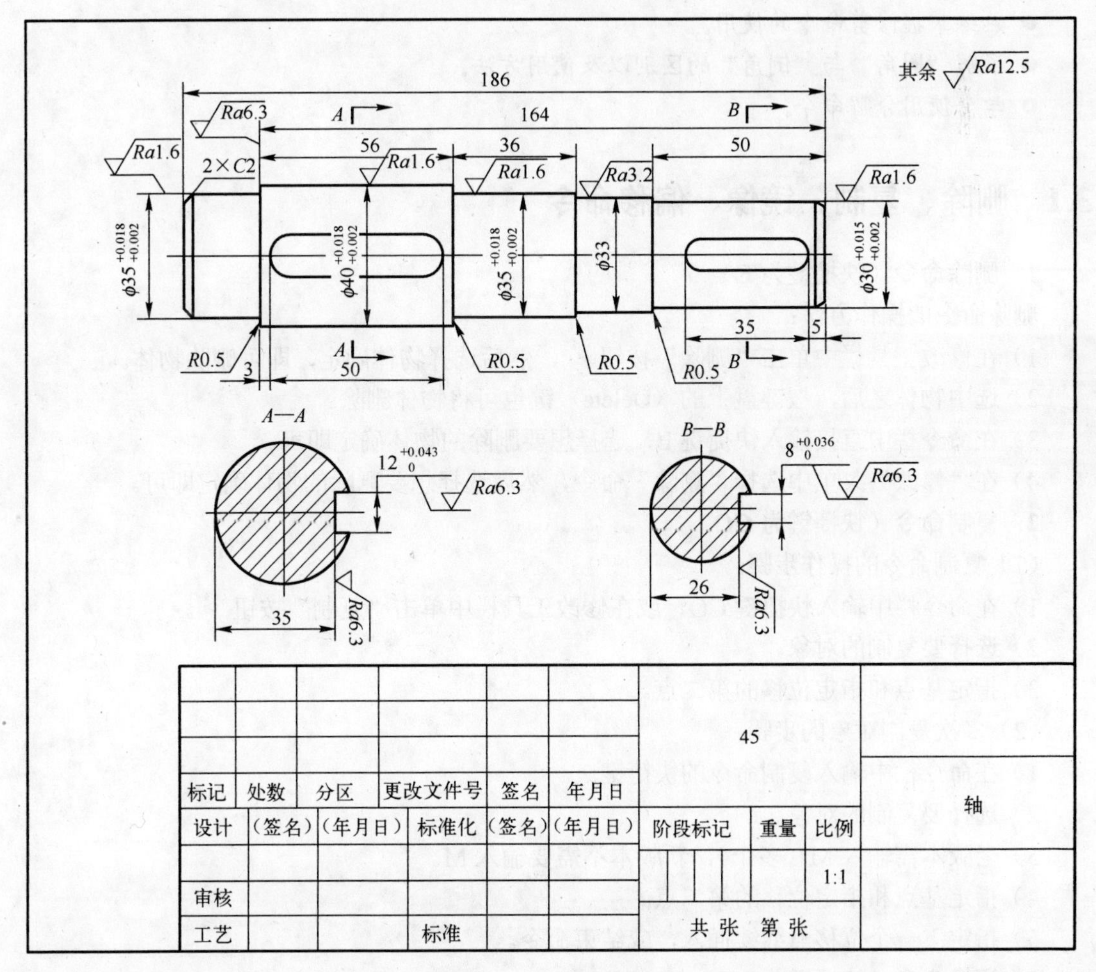

练习图 2-32　零件图（3）

第3章　平面图形修改命令的使用技巧

本章重点与难点

- 了解删除的几种方法。
- 掌握修改工具“复制”“镜像”“偏移”的使用。
- 学会使用阵列的两种形式编辑。
- 学会利用移动的几种方法、旋转的几种方法以及缩放的几种方法编辑图形。
- 掌握拉伸的使用。
- 了解延伸的使用。
- 熟练掌握修剪命令的使用。
- 了解“圆角”与“倒角”的区别以及使用方法。
- 学会使用分解命令。

3.1　删除、复制、镜像、偏移命令

1．删除命令（快捷键为E）

删除命令的操作方法：

1）在修改工具栏中单击“删除”按钮，然后选择物体确定，即可删除物体。

2）选中物体之后，按键盘上的〈Delete〉键也可将物体删除。

3）在命令栏中直接输入快捷键E，选择想要删除的物体确定即可。

4）在“修改”菜单中选择“删除”命令，然后选择想要删除的物体确定即可。

2．复制命令（快捷键为CO）

（1）复制命令的操作步骤：

1）在命令栏中输入快捷键CO，或在修改工具栏中单击“复制”按钮。

2）选择要复制的对象。

3）指定基点和指定位移的第二点。

（2）多次复制对象的步骤：

1）在命令栏中输入复制命令的快捷键。

2）选择要复制的对象。

3）老版本需输入M（多个），新版本不需要输入M。

4）指定基点和指定位移的第二点。

5）指定下一个位移点继续插入，或结束命令。

3．镜像命令（快捷键为MI）

镜像命令的操作步骤：

1）在命令栏中输入快捷键 MI，或在修改工具栏中单击“镜像”按钮。

2）选择要镜像的对象。

3）指定镜像直线（对称线）的第一点和第二点。

4）按确定键保留对象，或者按 Y 将其删除。

4．偏移命令（快捷键为 O）

在实际应用中，用户常利用此命令创建平行线或等距离分布图形。块物体不能执行偏移命令，偏移命令在应用中，鼠标拖动的方向就是偏移的方向。

（1）以指定的距离偏移对象的步骤：

1）在“修改”菜单中选择“偏移”命令，或按快捷键 O，或单击修改工具栏上的“偏移”按钮。

2）指定偏移距离，需要输入偏移值。

3）选择要偏移的对象。

4）指定要放置新对象的一侧上的一点。

5）选择另一个要偏移的对象，或结束命令。

（2）使偏移对象通过一个点的步骤：

1）在“修改”菜单中选择“偏移”命令。

2）输入 T（通过点）。

3）选择要偏移的对象。

4）指定通过点。

5）选择另一个要偏移的对象，或结束命令。

例如按上述命令完成图 3-1 所示的样板图的绘制。

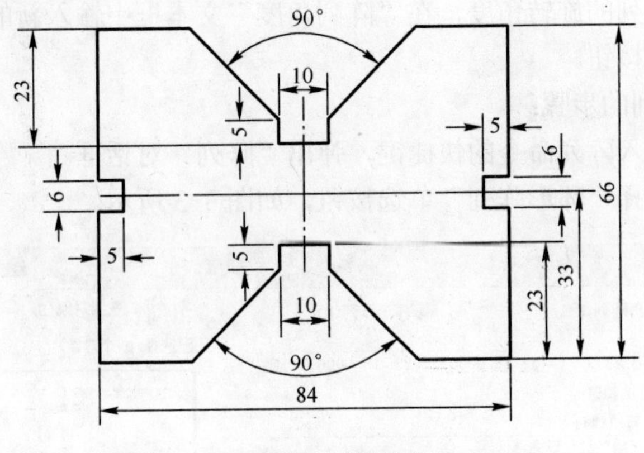

图 3-1　样板图

3.2　阵列、移动、修改、旋转、缩放、拉伸命令

1．阵列命令（快捷键为 AR）

（1）创建矩形阵列的步骤：

1）在命令栏中输入快捷键 AR，或单击修改工具栏上的“阵列”按钮，弹出“阵

列”对话框，如图 3-2 所示。

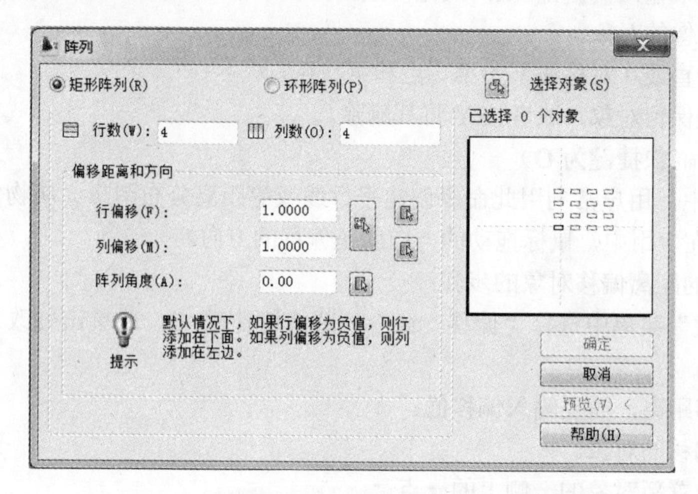

图 3-2 “矩形阵列”对应的“阵列”对话框

2）在“阵列”对话框中选择“矩形阵列”单选按钮，单击“选择对象”按钮，然后选择物体确定。

3）使用以下方法之一指定对象间的水平和垂直间距（偏移）。

① 在“行偏移”和“列偏移”中输入行间距、列间距，用“+”或“-”确定方向。

② 单击“拾取行列偏移”按钮，指定阵列中某个单元的对角点，此单元决定行和列的水平和垂直间距。

③ 单击“拾取行偏移”或“拾取列偏移”按钮，指定水平或垂直间距。

④ 如果要修改阵列的旋转角度，在“阵列角度”文本框中输入新的角度。

4）单击“确定”按钮。

（2）创建环形阵列的步骤：

1）在命令栏中输入阵列命令的快捷键，弹出“阵列”对话框。

2）在对话框中选择“环形阵列”单选按钮，如图 3-3 所示。

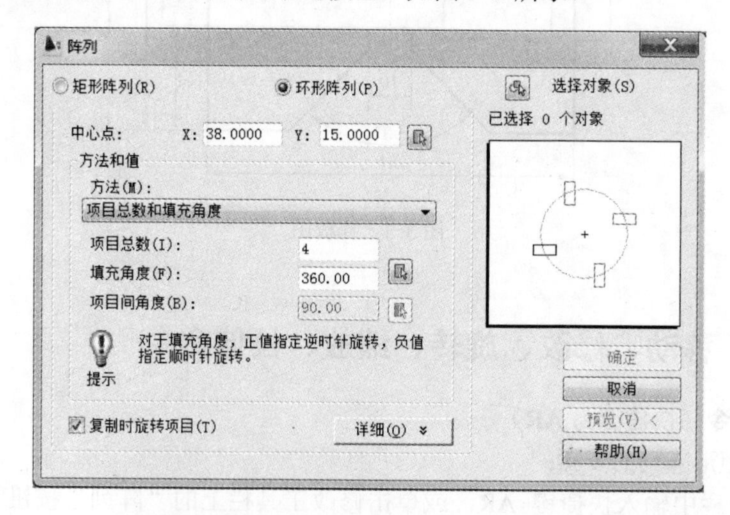

图 3-3 “环形阵列”对应的“阵列”对话框

3）指定中点后执行以下操作之一。

① 输入环形阵列中点的X坐标值和Y坐标值。

② 单击“拾取中点”按钮，“阵列”对话框关闭，使用定点设备指定环形阵列的圆心。

4）单击“选择对象”按钮。

5）输入项目数目（包括原对象）。

6）单击“确定”按钮。

2．移动命令（快捷键为M）

移动命令的操作步骤：

1）在“修改”菜单中选择“移动”命令，或在命令栏中输入快捷键 M，或单击修改工具栏上的“移动”按钮。

2）选择要移动的对象。

3）指定移动基点。

4）指定第二点，即位移点，选定的对象将移动到由第一点和第二点之间的方向和距离确定的新位置。

3．旋转命令（快捷键为RO）

旋转命令的操作步骤：

1）在“修改”菜单中选择“旋转”命令，或在命令栏中输入快捷键RO，或单击修改工具栏上的“旋转”按钮。

2）选择要旋转的对象。

3）指定旋转基点。

4）输入旋转角度，然后确定，如图3-4所示。

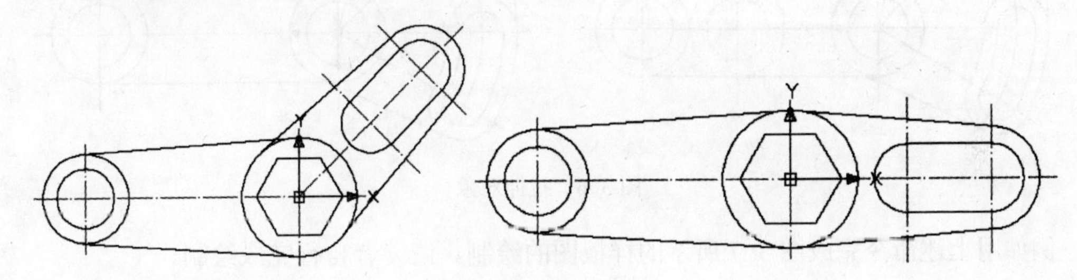

图3-4 旋转对象

4．缩放命令（快捷键为SC）

缩放命令的操作步骤：

1）在“修改”菜单中选择“缩放”命令，或在命令栏中输入快捷键 SC，或单击修改工具栏上的“缩放”按钮。

2）选择要缩放的对象。

3）指定缩放基点。

4）输入缩放的比例因子，然后确定即可，如图3-5所示。

注：基点一般选择线段的端点、角的顶点。

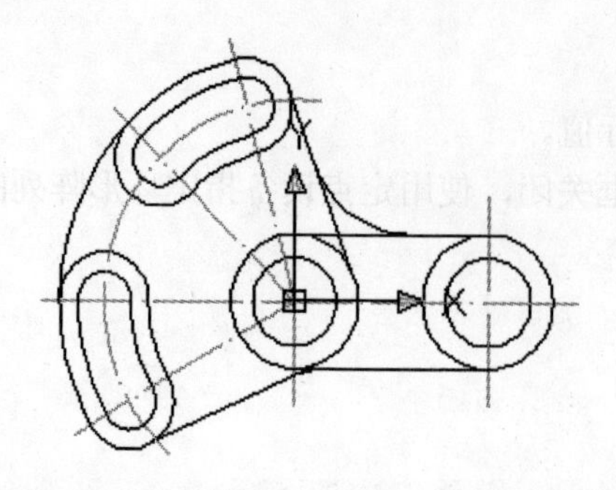

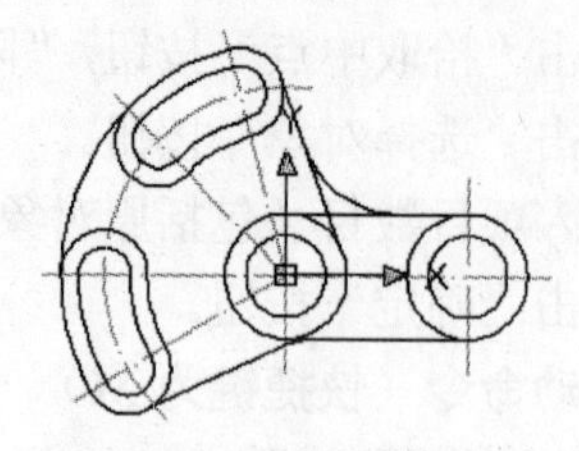

图 3-5　缩放对象

5．拉伸命令（快捷键为 S）

拉伸命令用来把对象的单个边进行缩放，拉伸只能用窗交方式框住对象的一半进行拉伸，如果全选则只是对物体进行移动，毫无意义。

拉伸命令的操作步骤：

1）在命令栏中输入快捷键 S。

2）反选选择非块形状，可进行拉伸。

3）在命令行中直接输入拉伸距离。

结果如图 3-6 所示。

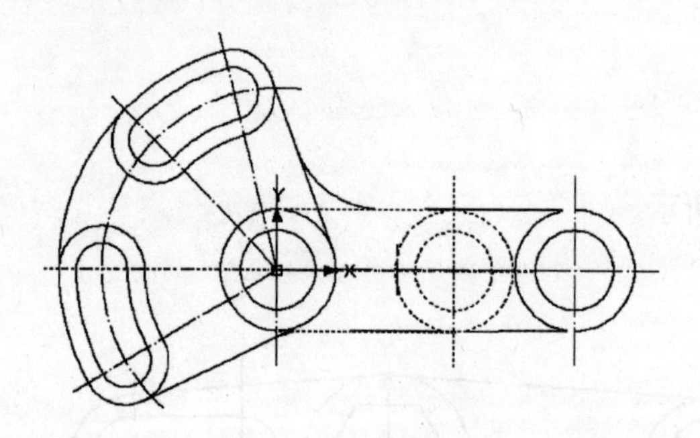

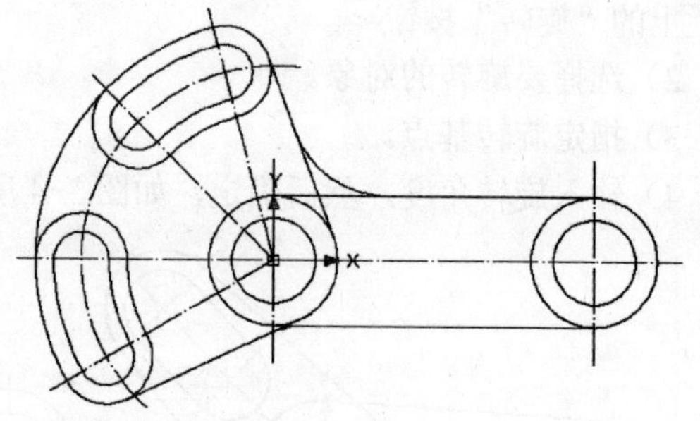

图 3-6　拉伸对象

例如用上述命令完成图 3-7 所示的样板图的绘制。请读者自行完成绘制。

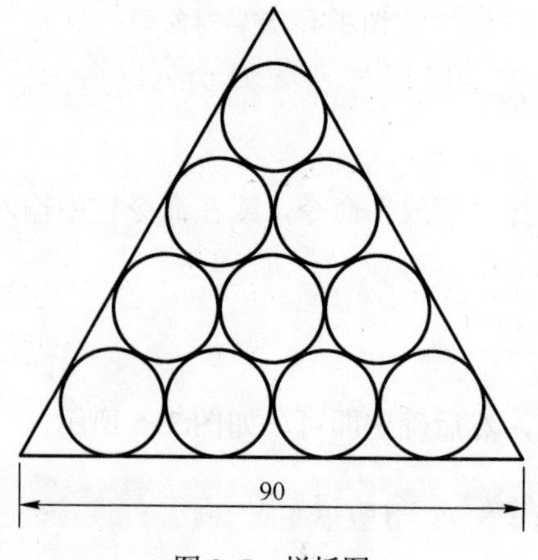

图 3-7　样板图

3.3 修剪、延伸、打断、打断于点命令

1．修剪命令（快捷键为 TR）

（1）修剪命令的操作步骤：

1）在命令栏中输入快捷键 TR，或单击修改工具栏中的“修剪”按钮。

2）选择作为剪切边的对象，要选择图形中的所有对象作为可能的剪切边，然后按回车键确定。

3）选择要修剪的对象。

（2）用 AutoCAD 的简单命令绘制如图 3-8 所示的莲花图案。

1）绘制一个直径为 100 的圆，然后使用复制（CO）命令将该圆向右复制一个，它们的中心距为 75，如图 3-8 中的 A 所示。

2）使用直线（L）命令连接两个圆的两个交点，并修剪，如图 3-8 中的 B 所示。

3）使用阵列（AR）命令环形阵列中间的直线，中心点为直线最上方的端点，填充角度为 35°，数量为 16，如图 3-8 中的 C 所示。

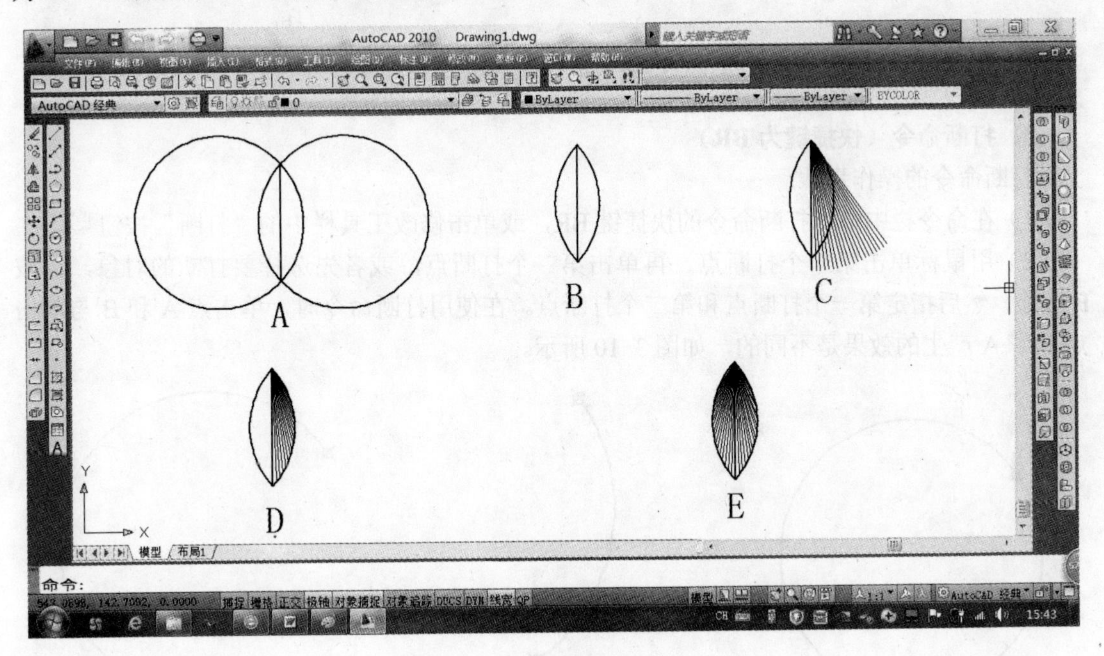

图 3-8 绘图

4）修剪线段，并使用镜像（MI）命令镜像线段，这样就画出了花瓣。在 AutoCAD 软件中，当要修剪的对象使用同一条剪切边时，可使用“F”选项一次性修剪多个对象。在该图中，要修剪多余的线段，先输入“TR”命令，选择右边圆弧作为剪切边，在选择修剪对象时，输入“F”+空格，再点取 A 点、B 点，确认，即可一次性修剪所有多余的边，如图 3-8 中的 E 所示。

2．延伸命令（快捷键为 EX）

延伸命令的操作步骤：

1）在命令栏中输入快捷键EX，或单击修改工具栏中的“延伸”按钮。

2）选择作为边界的对象，再选择图形中的所有对象作为可能的边界边，按回车键即可。

3）选择要延伸的对象。

例如延伸图3-9a所示左图的弧AB，使其与辅助线OC相交，结果如图3-9b所示。

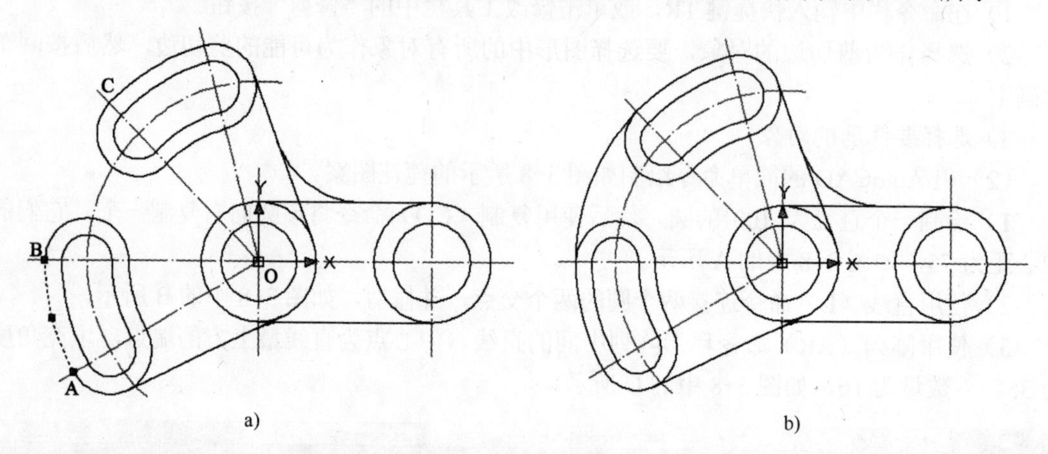

图3-9　延伸对象

3．打断命令（快捷键为BR）

打断命令的操作步骤：

1）在命令栏中输入打断命令的快捷键BR，或单击修改工具栏中的“打断”按钮。

2）用鼠标单击第一个打断点，再单击第二个打断点，或者先选择要打断的对象，再按F确定，然后指定第一个打断点和第二个打断点。在使用打断命令时，单击点A和B与单击点B和A产生的效果是不同的，如图3-10所示。

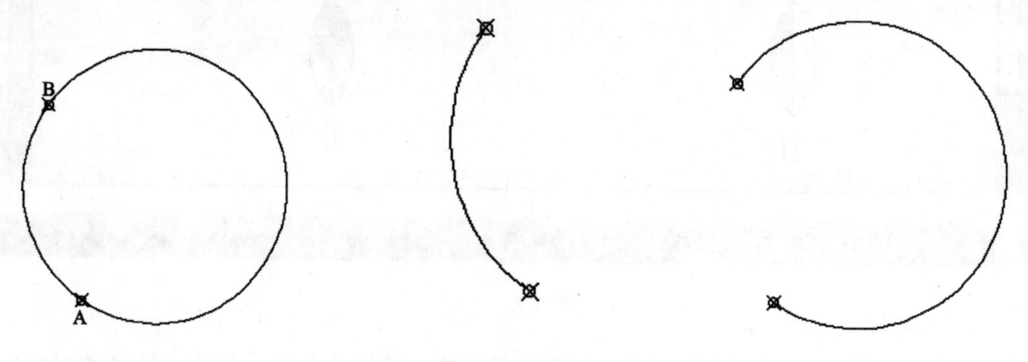

图3-10　打断

4．打断于点命令

打断于点命令的操作步骤：

1）画一个闭合物体。

2）在“修改”菜单中选择“打断于点”命令。

3）根据命令栏中的提示，可以把一个连在一起的物体打断，但现在还看不出效果，使用移动命令移动物体可以看出来变化。

在图 3-11 中，要在点 C 处打断圆弧，可以执行“打断于点”命令，并选择圆弧，然后单击点 C。

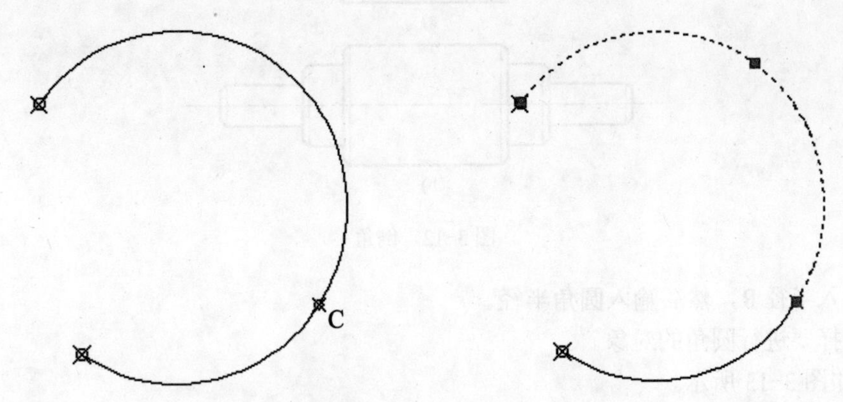

图 3-11　打断于点

3.4　倒角、圆角、分解命令

1．倒角命令（快捷键为 CHA）

倒角命令的操作步骤：

1）在命令栏中输入快捷键 CHA，或单击修改工具栏中的“倒角”按钮。

2）输入 D（距离），然后输入第一个倒角距离（直度边长）和第二个倒角距离（直角边长）。

3）选择倒角直线。

[多段线(P)/距离(D)/角度(A)/修剪(T)/方式(M)/多个(U)]:

以上各选项的含义如下。

1）多段线(P)：可以以当前设置的倒角大小对多段线的各顶点（交角）修倒角。

2）距离(D)：设置倒角距离尺寸。

3）角度(A)：可以根据第一个倒角距离和角度来设置倒角尺寸。

4）修剪(T)：设置倒角后是否保留原拐角边。

5）多个(U)：可以对多个对象绘制倒角。

注：修倒角时，倒角距离或倒角角度不能太大，否则无效。当两个倒角距离均为 0 时，此命令将延伸两条直线使之相交，不产生倒角。此外，如果两条直线平行、发散等，则不能修倒角。

例如对图 3-12a 所示的轴平面图修倒角后，其结果如图 3-12b 所示。

2．圆角命令（快捷键为 F）

圆角命令的操作步骤：

1）在“修改”菜单中选择“圆角”命令，或在命令栏中输入快捷键 F，或单击修改工具栏中的“圆角”按钮。

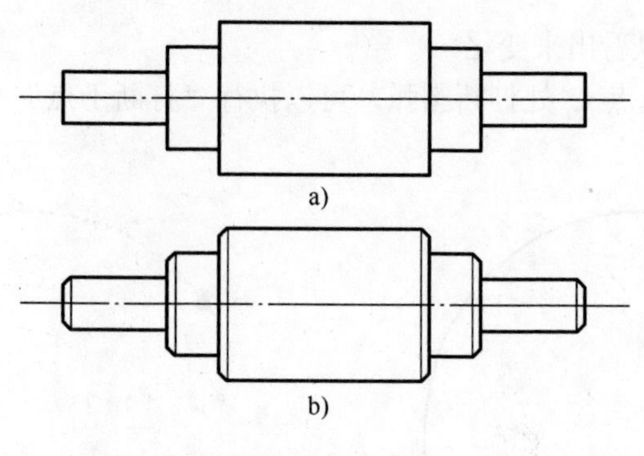

图 3-12　倒角

2）输入半径 R，然后输入圆角半径。

3）选择要进行圆角的对象。

如果如图 3-13 所示。

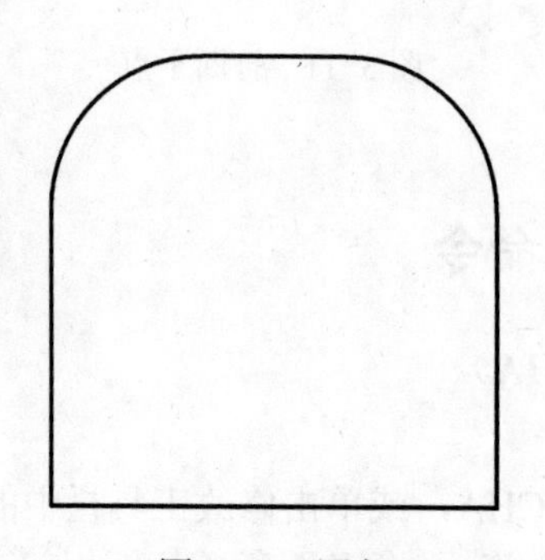

图 3-13　圆角

3．分解命令（快捷键为 X）

分解命令的操作步骤：

1）在“修改”菜单中选择“分解”命令，或在命令栏中输入快捷键 X。

2）选择要分解的对象（对于大多数对象，分解的效果并不是看得见的，分解命令只是针对块物体，文字不能使用分解命令）。

【例 3-1】 使用直线（LINE）、偏移（OFFSET）、阵列（ARRAY）等命令绘制如图 3-14 所示的零件图。

1）设置全局线型比例因子为 0.5，设置绘图区域大小为 540×500，并使绘图区域充满整个绘图窗口。

2）打开极轴追踪、对象捕捉及自动追踪功能，指定极轴追踪角度为 90°，设置对象捕捉方式为“端点”和“交点”。

3）切换到“轮廓线”图层，绘制两条作图基准线 A（水平）和 B（竖直），线段 A 的长度约为 190、线段 B 的长度约为 450。

4）以 A、B 线为基准线，用偏移（OFFSET）、修剪（TRIM）及镜像（MIRROR）命令形成零件主视图。

5）绘制左视图定位线（中心线）C 和 D，然后绘制圆。

6）绘制圆角、键槽等细节，再对轴线、定位线等进行修改。

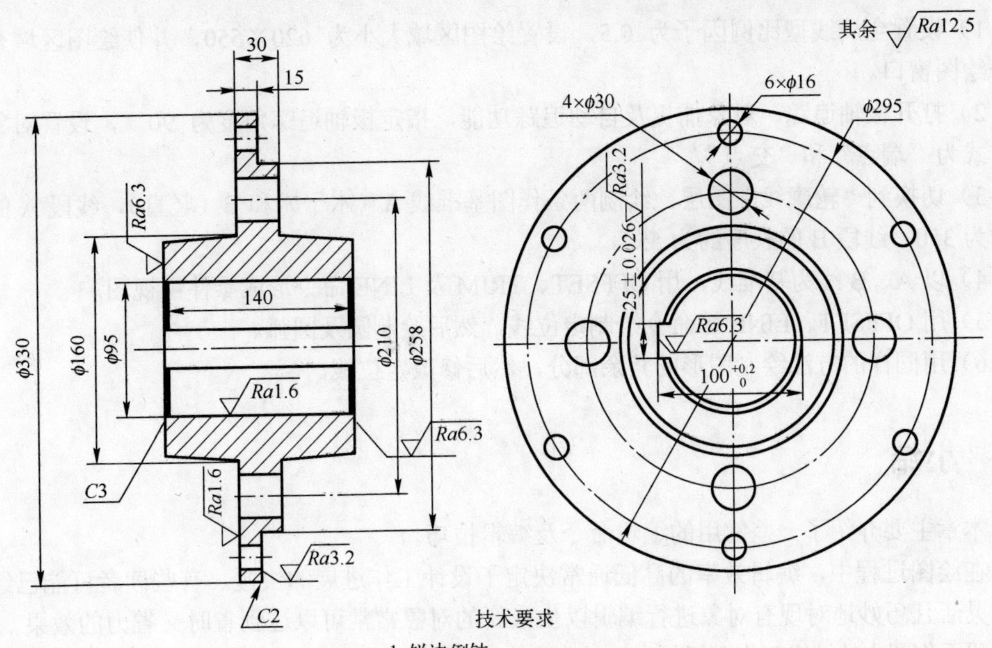

技术要求

1. 锐边倒钝。
2. 未注明尺寸偏差精度为 IT12。

图 3-14　零件图

【例 3-2】 使用直线（LINE）、偏移（OFFSET）、修剪（TRIM）及阵列（ARRAY）等命令绘制如图 3-15 所示的零件图。

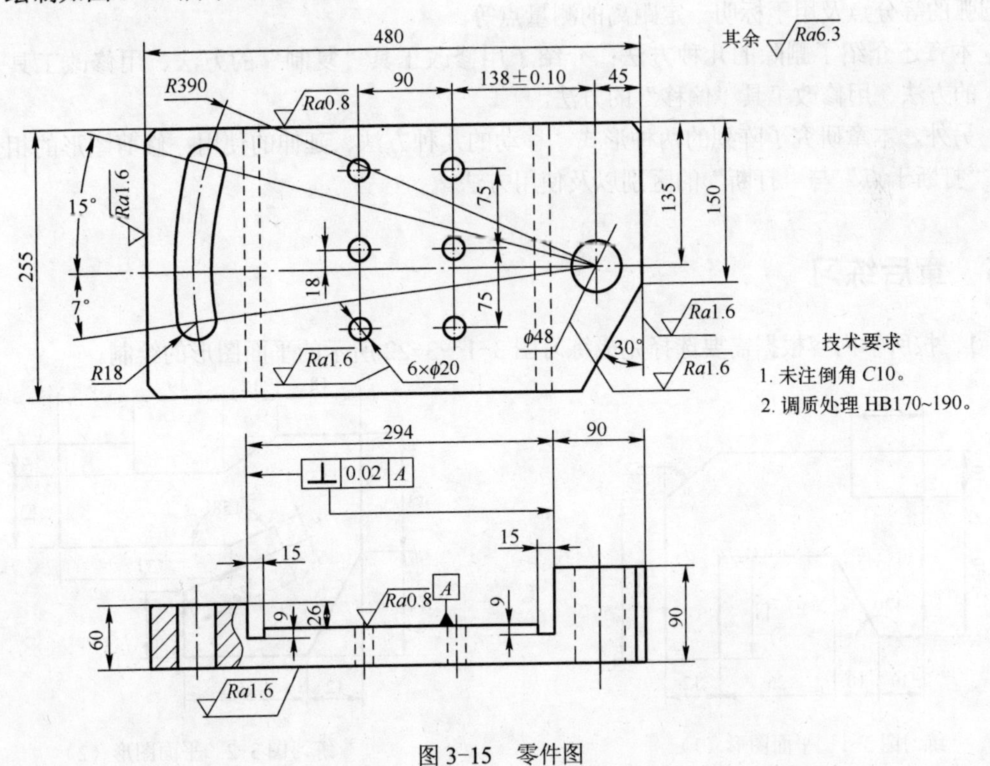

技术要求

1. 未注倒角 C10。
2. 调质处理 HB170~190。

图 3-15　零件图

1）设置全局线型比例因子为 0.5，设置绘图区域大小为 620×550，并使绘图区域充满整个绘图窗口。

2）打开极轴追踪、对象捕捉及自动追踪功能，指定极轴追踪角度为 90°，设置对象捕捉方式为“端点”和“交点”。

3）切换到“轮廓线”图层，绘制两条作图基准线 A（水平）和 B（竖直），线段 A 的长度约为 350、线段 B 的长度约为 550。

4）以 A、B 线为基准线，用 OFFSET、TRIM 及 LINE 命令形成零件主视图。

5）用 OFFSET、LINE 等命令绘制定位线，然后绘制圆及圆弧。

6）用同样的方法绘制图形的其余部分，然后修改定位线。

3.5 小结

本章主要介绍了一些常用的编辑命令及编辑技巧。

在绘图过程中，编辑效率的高低通常决定了设计工作进展的快慢。有些读者可能已经发现，灵活且巧妙地对现有对象进行编辑以生成新的对象常常可以达到省时又省力的效果。

平面作图中的编辑工作概括起来可以分成旋转、缩放、拉伸和对齐等几类，针对这些编辑项目，AutoCAD 提供了丰富的编辑命令，其中关键点编辑方式是最具有特点的，它集中提供了常用的几种编辑功能，使读者不必每次在工具栏上选定命令按钮就可以完成大部分的编辑任务。

在绘制倾斜图形时可以使用旋转及对齐命令，学员可以先在水平位置画出图样，然后利用旋转或对齐命令将图形定位到倾斜位置。创建点对象包括创建某一位置处的单个点、直线或圆弧的等分点及用于标明一定距离的测量点等。

本章还介绍了删除的几种方法；介绍了用修改工具“复制”的方法、用修改工具“镜像”的方法、用修改工具“偏移”的方法。

另外，本章研究了阵列的两种形式、移动的几种方法、延伸的使用；修剪图形的相交部分；“打断于点”与“打断”的区别以及使用方法。

3.6 章后练习

1．按所学内容根据需要选择完成练习图 3-1～3-22 所示的平面图形的绘制。

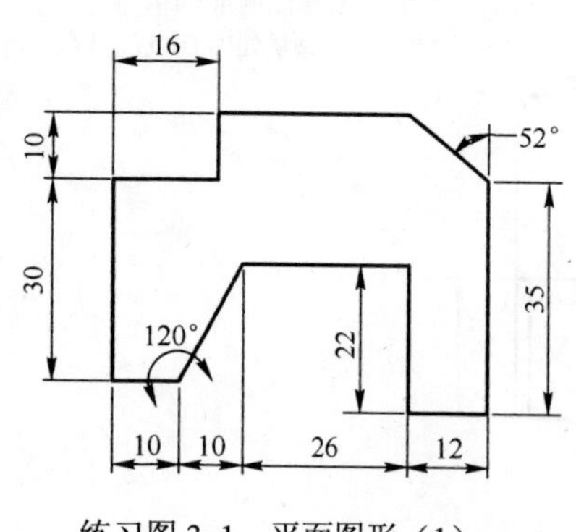

练习图 3-1 平面图形（1）

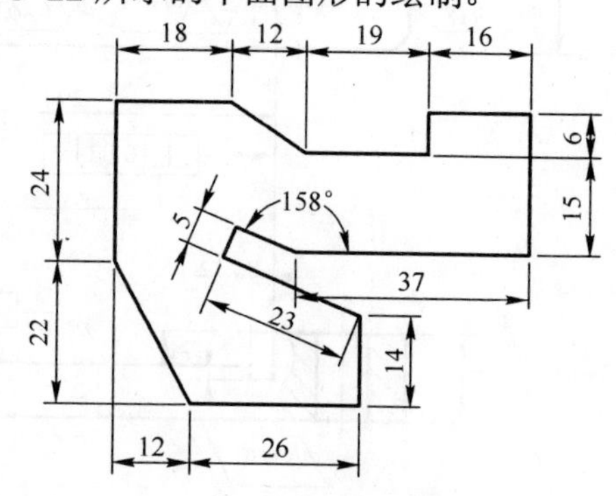

练习图 3-2 平面图形（2）

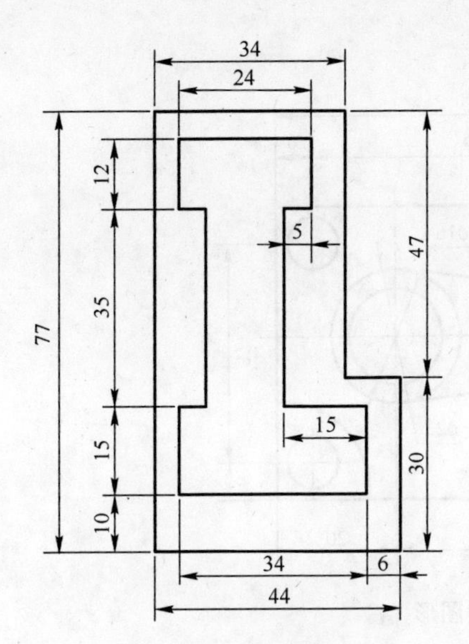

练习图 3-3　平面图形（3）

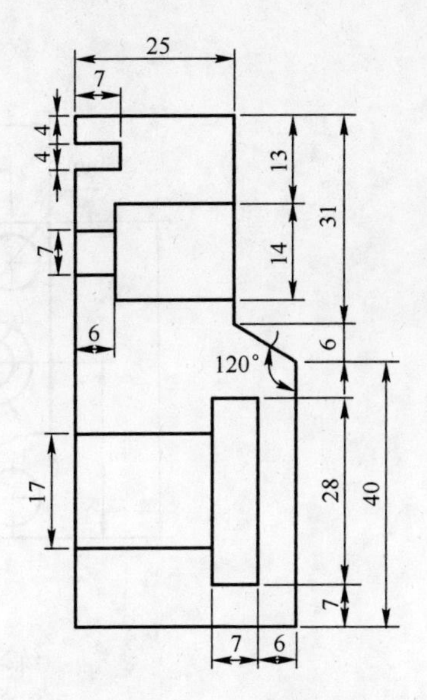

练习图 3-4　平面图形（4）

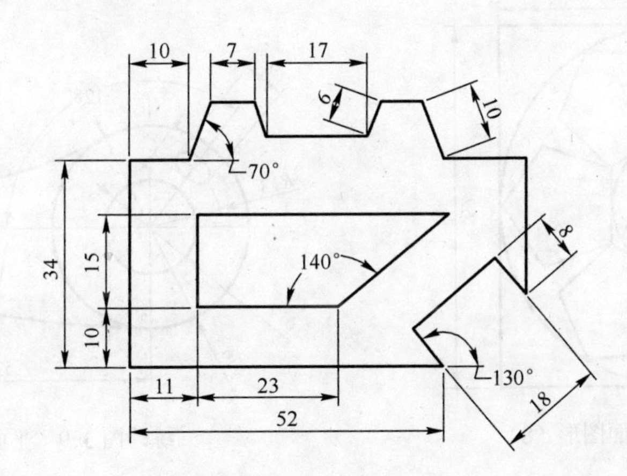

练习图 3-5　平面图形（5）

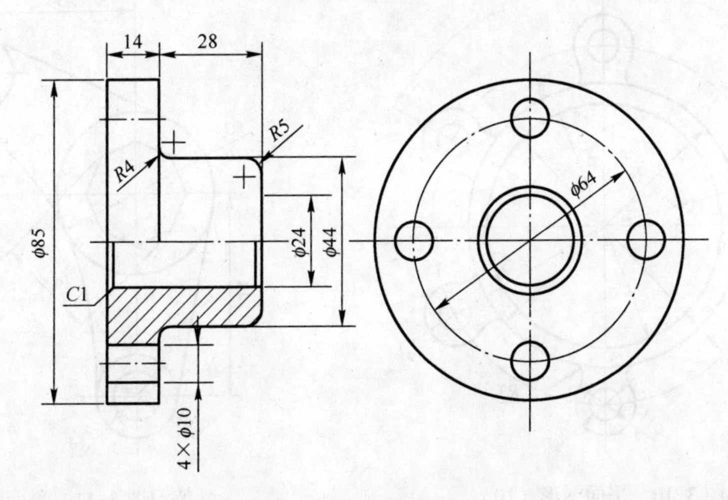

练习图 3-6　平面图形（6）

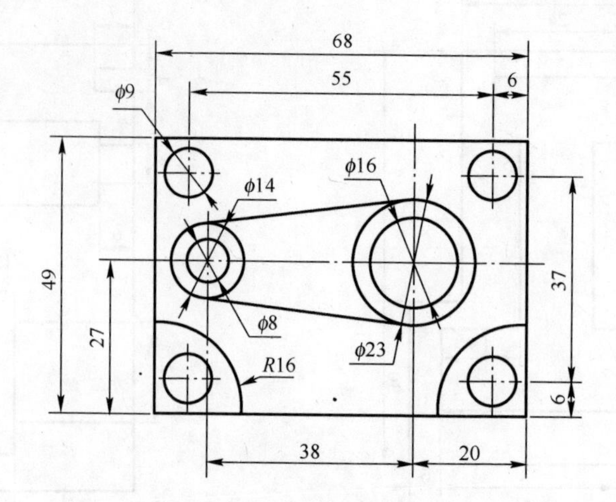

练习图 3-7　平面图形（7）

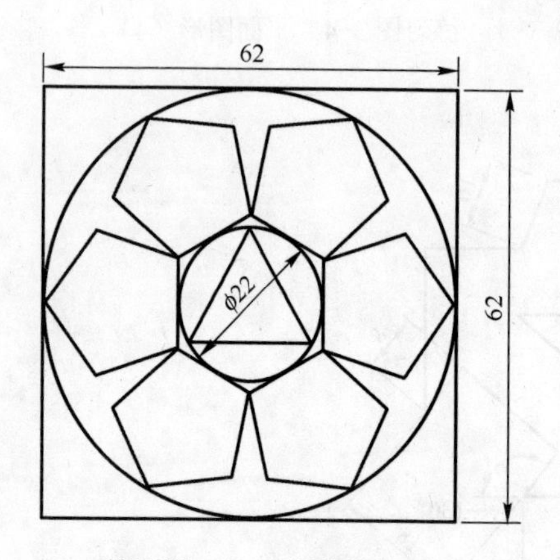

练习图 3-8　平面图形（8）

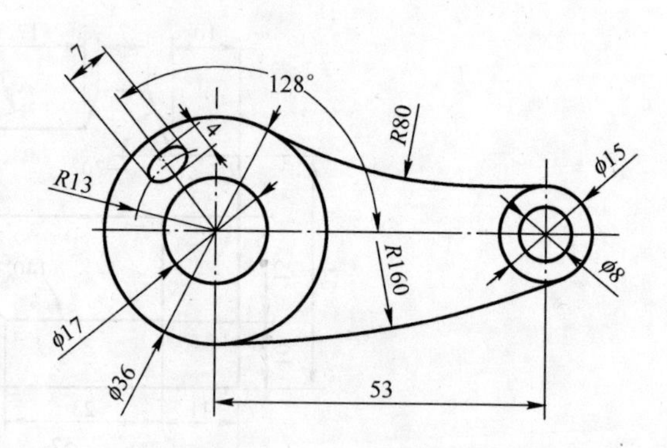

练习图 3-9　平面图形（9）

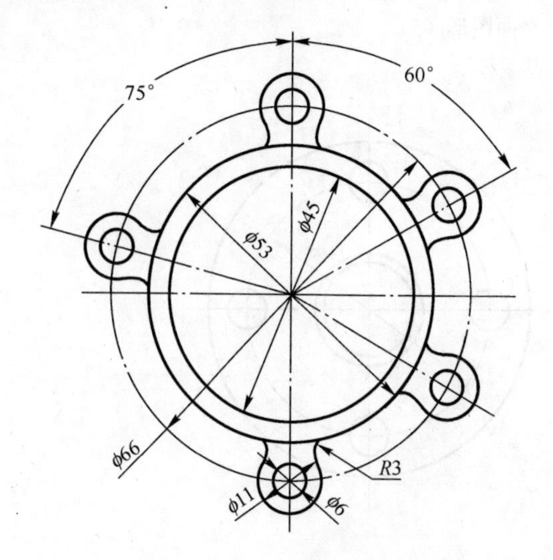

练习图 3-10　平面图形（10）

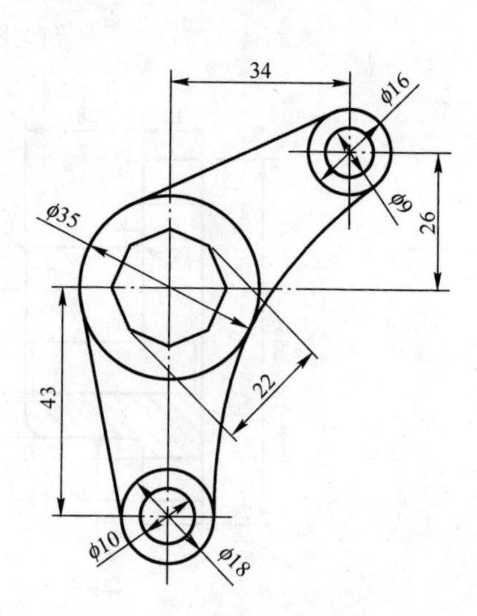

练习图 3-11　平面图形（11）

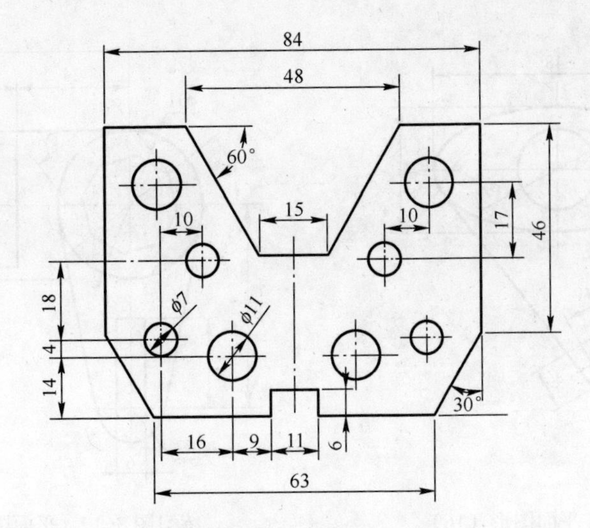

练习图 3-12　平面图形（12）

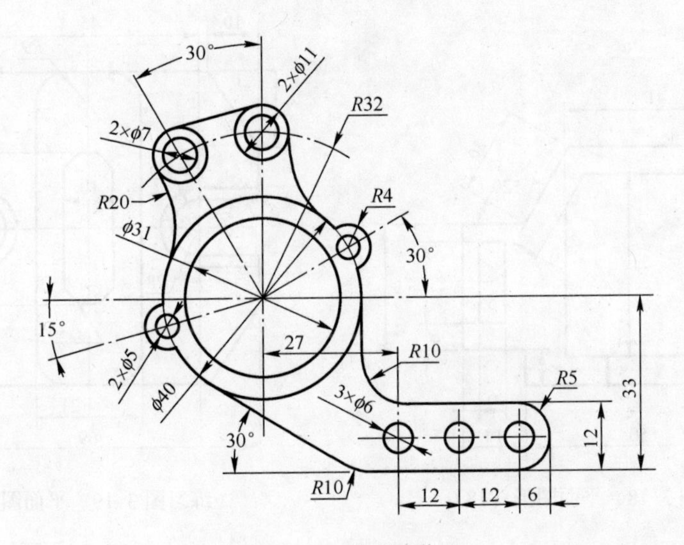

练习图 3-13　平面图形（13）

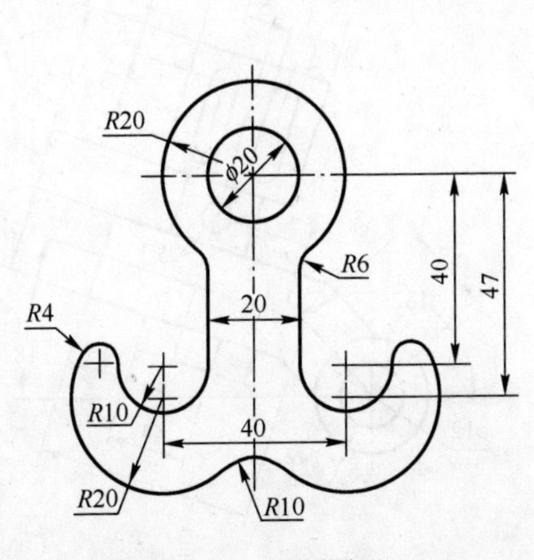

练习图 3-14　平面图形（14）

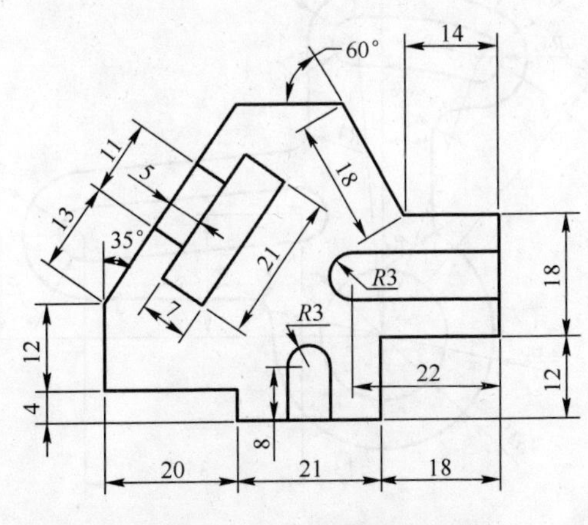

练习图 3-15　平面图形（15）

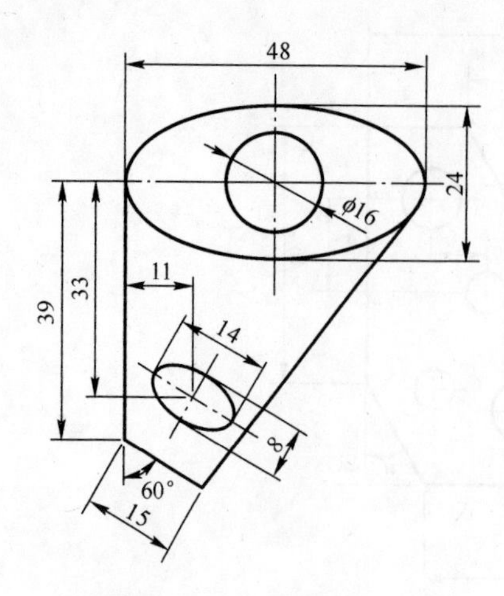

练习图 3-16　平面图形（16）

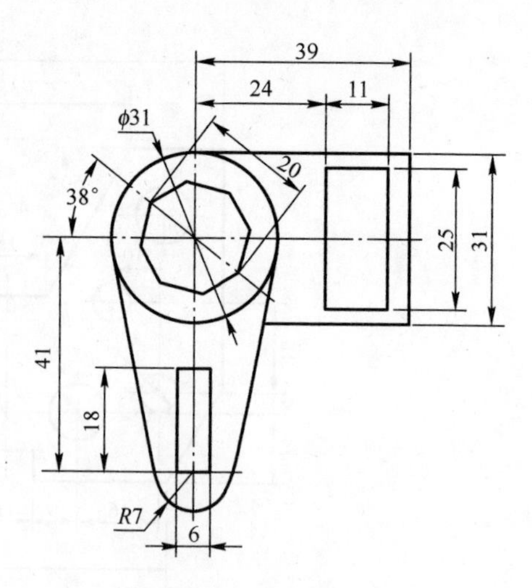

练习图 3-17　平面图形（17）

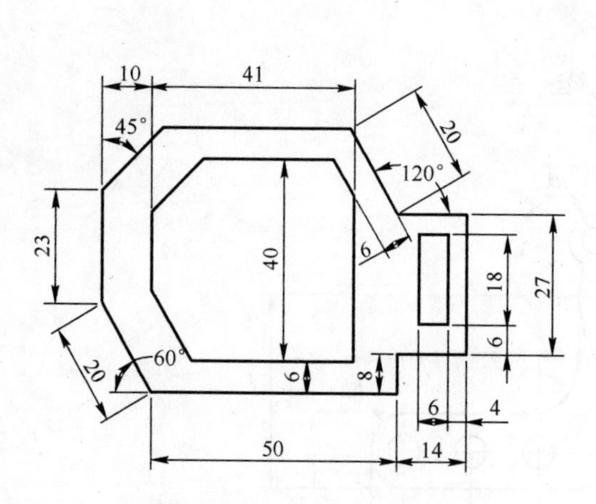

练习图 3-18　平面图形（18）

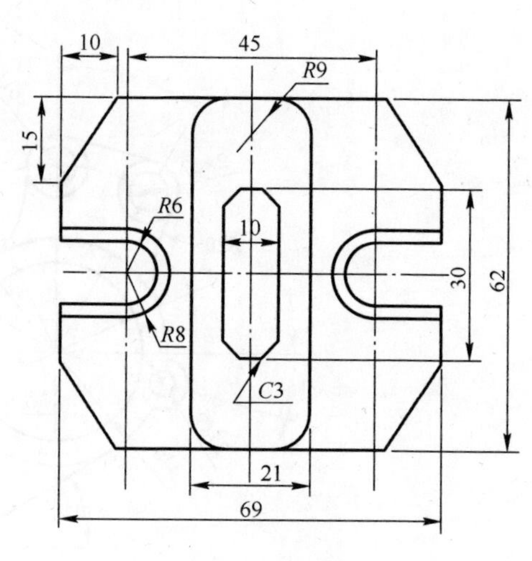

练习图 3-19　平面图形（19）

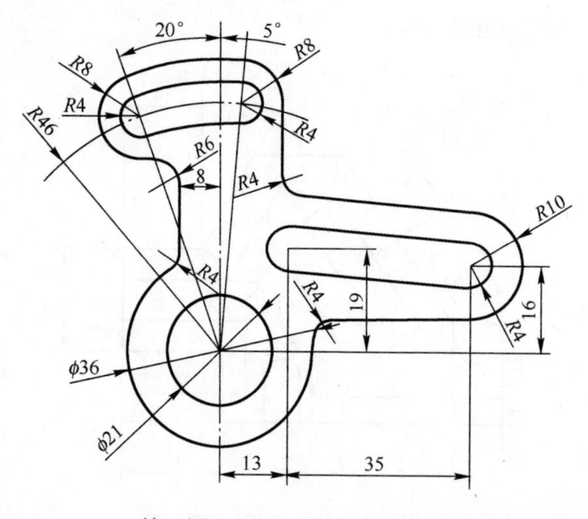

练习图 3-20　平面图形（20）

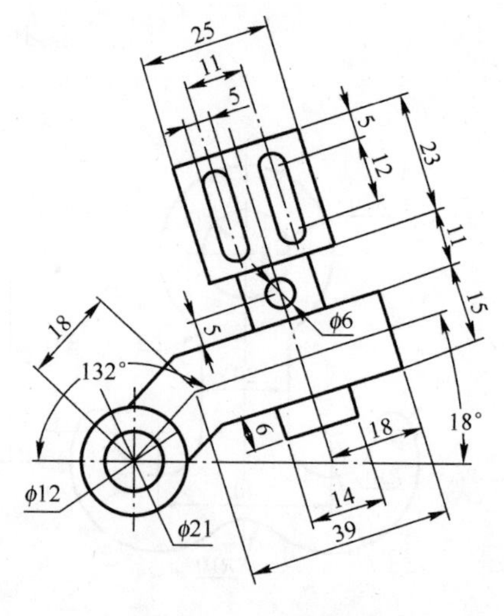

练习图 3-21　平面图形（21）

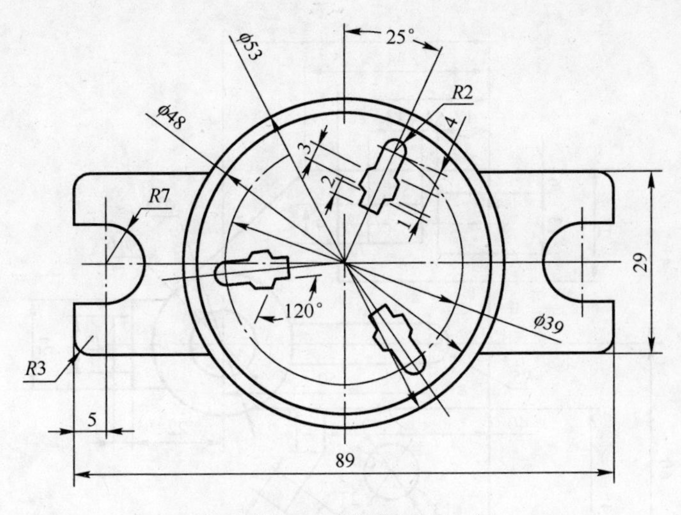

练习图 3-22　平面图形（22）

2．使用直线（LINE）、偏移（OFFSET）、旋转（ROTATE）及延伸（STRETCH）等命令绘制练习图 3-23 所示的零件图。

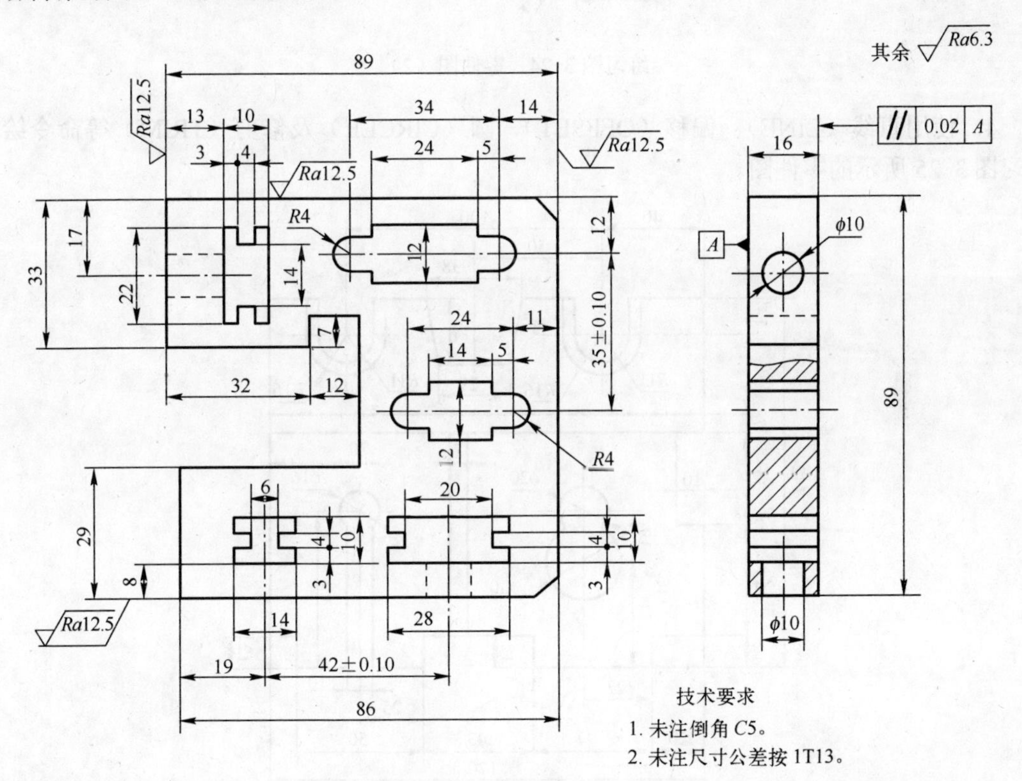

练习图 3-23　零件图（1）

3．使用直线（LINE）、偏移（OFFSET）、圆（CIRCLE）及修剪（TRIM）等命令绘制练习图 3-24 所示的零件图。

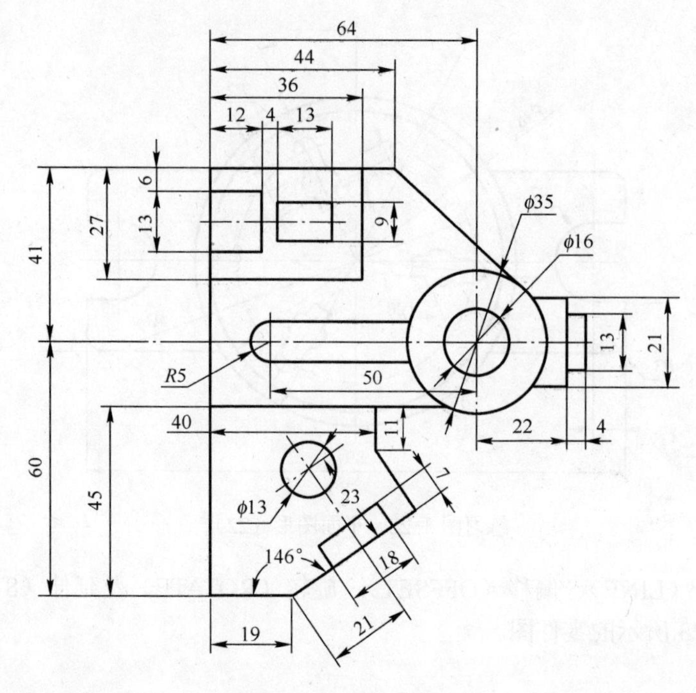

练习图 3-24　零件图（2）

4．使用直线（LINE）、偏移（OFFSET）、圆（CIRCLE）及修剪（TRIM）等命令绘制练习图 3-25 所示的零件图。

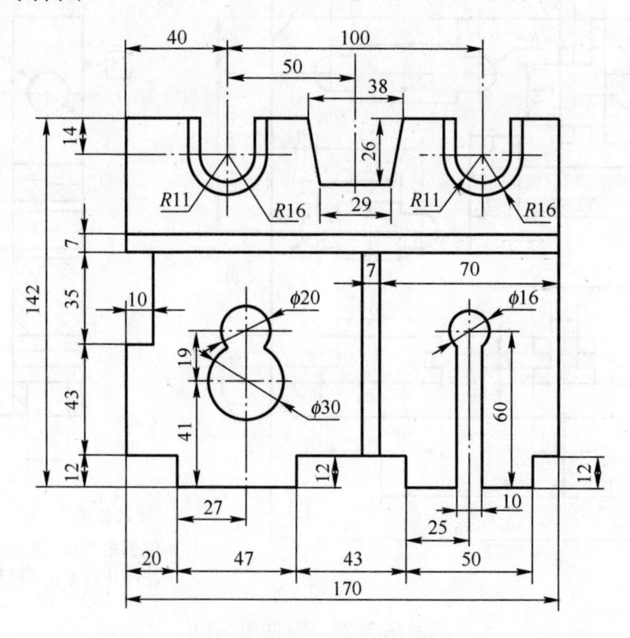

练习图 3-25　零件图（3）

第4章 标 注

本章重点与难点

- 掌握尺寸标注的组成与规则。
- 掌握创建标注与设置标注的样式。
- 掌握尺寸标注的类型。

4.1 标注的创建与设置

1. 标注的组成

（1）尺寸界线。如图 4-1 所示。

（2）尺寸线。

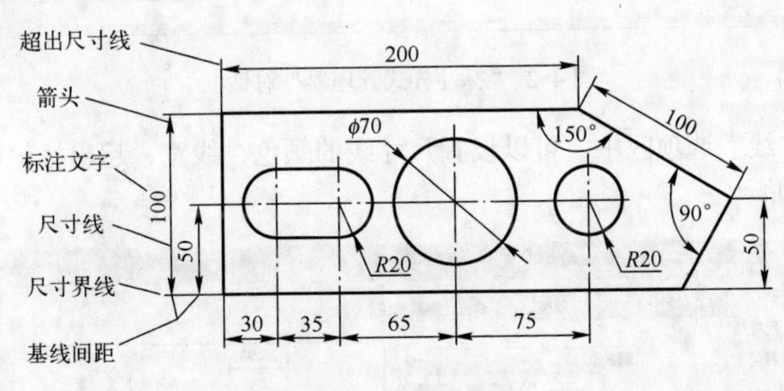

图 4-1 标注的组成

（3）标注文字。

（4）箭头。

2. 尺寸标注的规则

（1）物体的真实大小应以图样上所标注的尺寸数值为依据，与图形的大小及绘图的准确度无关。

（2）当图样中的尺寸以毫米为单位时，不需要标注计量单位的代号或名称,如果标注尺寸单位不是毫米，应在标注时加单位。

（3）图样中所标注的尺寸为该图样所表示物体的最后完工尺寸，否则应另加说明。

（4）物体的每一个尺寸一般只标注一次，并应标注在最能反映该机构的图形上。

（5）在没有特殊说明的情况下，一律按国家标准规定进行标注。

3. 创建与设置标注的样式

打开“标注样式管理器”对话框的方法：

（1）单击标注工具栏上的“标注样式”按钮。

（2）选择“格式”菜单中的“标注样式”命令。

（3）按快捷键 D 后确定或按〈Ctrl+M〉。

单击如图 4-2 所示的对话框中的“修改”按钮，将弹出如图 4-3 所示“修改标注样式”对话框。对“线”选项卡中的项目说明如下：

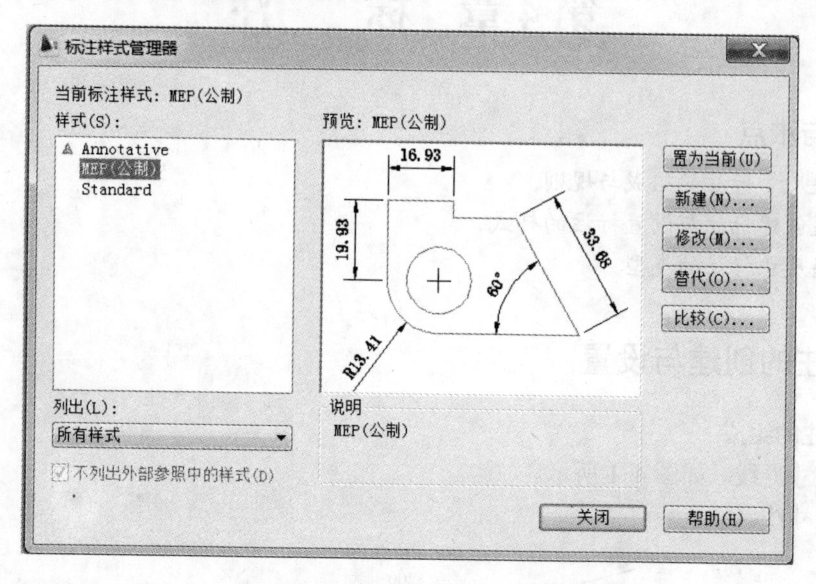

图 4-2 “标注样式管理器”对话框

1）在“尺寸线”选项区中，可以设置尺寸线的颜色、线宽、超出标记以及基线间距等属性，如图 4-3 所示。

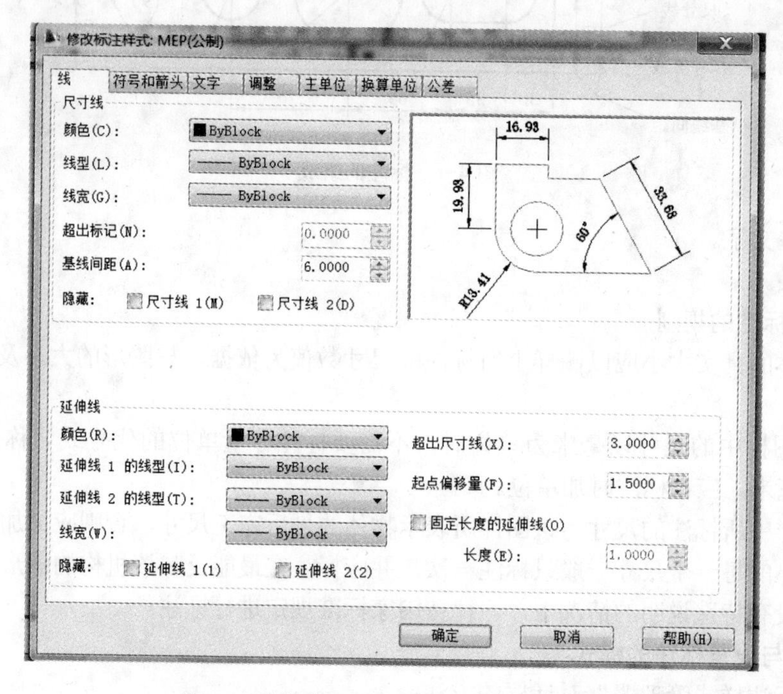

图 4-3 “修改标注样式”之“线”选项卡

该选项区中各选项的含义如下：

①“颜色”下拉列表框：用于设置尺寸线的颜色。

②“线宽”下拉列表框：用于设置尺寸线的宽度。

③“超出标记”微调框：当尺寸线的箭头采用倾斜、建筑标记、小点、积分或无标记等样式时，使用该微调框可以设置尺寸线超出尺寸界线的长度。

④“基线间距”微调框：在进行基线尺寸标注时，可以设置各尺寸线之间的距离。

⑤“隐藏”选项组：通过选择“尺寸线 1”或“尺寸线 2”复选框，可以隐藏第一段或第二段尺寸线及其相应的箭头。

2）在“延伸线”选项区中，可以设置尺寸界线的颜色、线宽、超出尺寸线的长度和起点偏移量、隐藏控制等属性。

该选项区中各选项的含义如下：

①“颜色”下拉列表框：用于设置尺寸界线的颜色。

②“线宽”下拉列表框：用于设置尺寸界线的宽度。

③“超出尺寸线”微调框：用于设置尺寸界线超出尺寸线的距离。

④“起点偏移量”微调框：用于设置尺寸界线的起点与标注定义的距离。

⑤“隐藏”选项组：通过选择“尺寸界线 1”或“尺寸界线 2”复选框可以隐藏尺寸界线。

对“符号和箭头”选项卡中的项目说明如下：

1）“箭头”选项区：可以设置尺寸线和引线箭头的类型及尺寸大小，如图 4-4 所示。

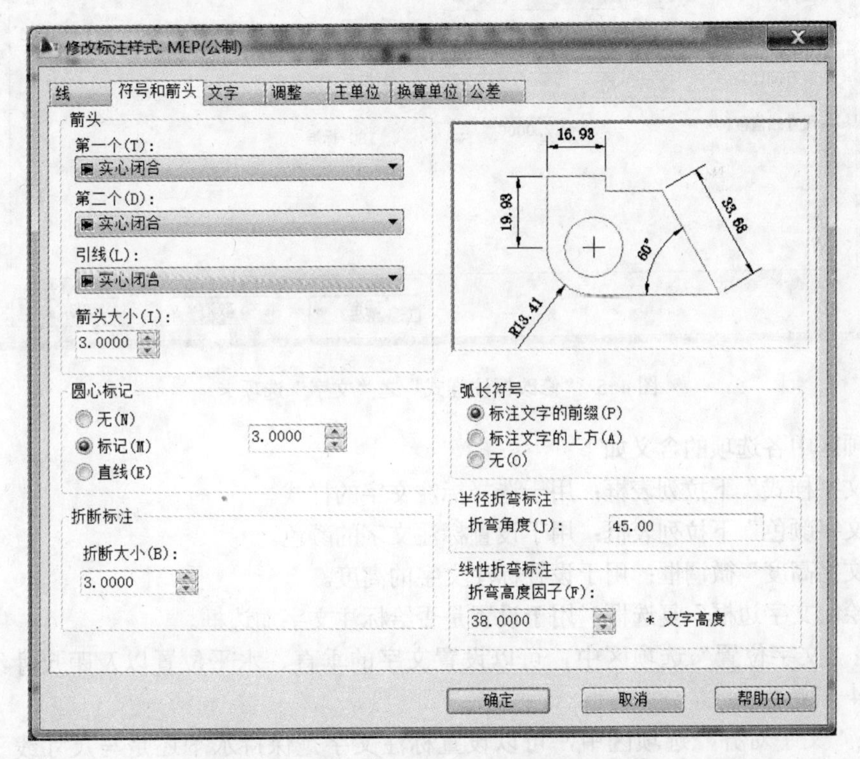

图 4-4 “修改标注样式”之“符号和箭头”选项卡

2）“圆心标记”选项区：在“圆心标记”选项区中，可以设置圆或圆弧的圆心标记类型，例如“标记”、“直线”和“无”。其中，选择“标记”选项可以对圆或圆弧绘制圆心标记；选择“直线”选项，可以对圆或圆弧绘制中心线；选择“无”选项，则没有任何标记。

对“文字”选项卡中的项目说明如下：

1）在“文字外观”选项区中，可以设置文字的形式、颜色、高度、分数高度比例以及控制是否绘制文字的边框，如图 4-5 所示。

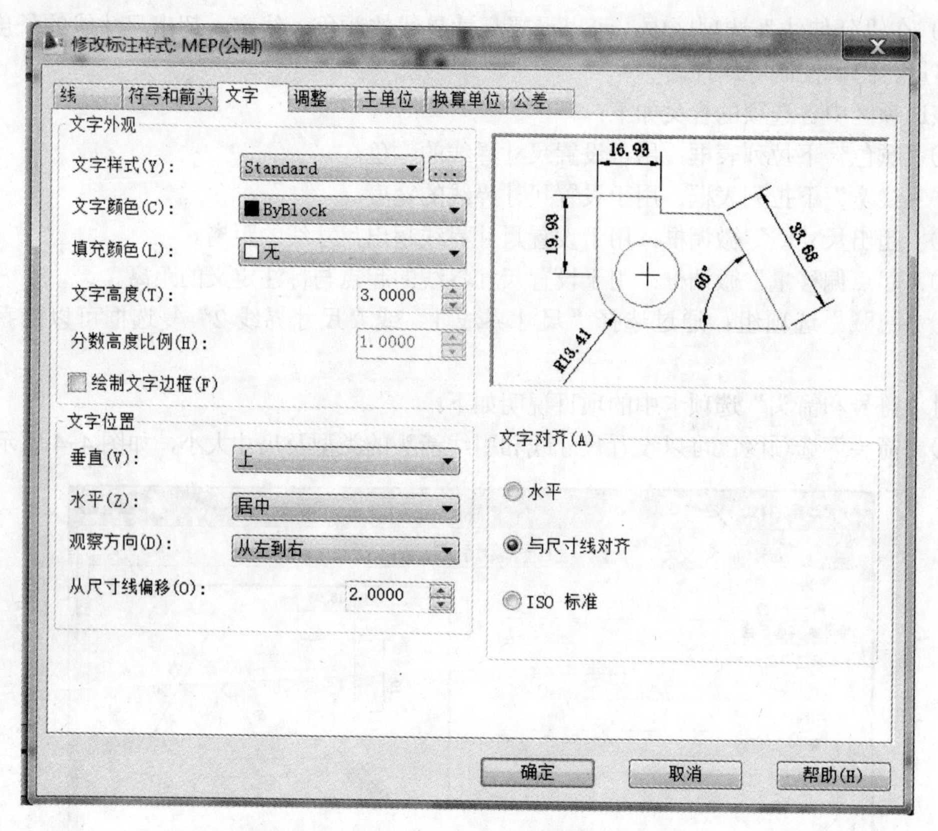

图 4-5 “修改标注样式”之“文字”选项卡

该选项区中各选项的含义如下：

①“文字样式”下拉列表框：用于选择标注文字的样式。

②“文字颜色”下拉列表框：用于设置标注文字的颜色。

③“文字高度”微调框：用于设置标注文字的高度。

④“绘制文字边框”复选框：用于设置是否给标注文字加边框。

2）在“文字位置”选项区中，可以设置文字的垂直、水平位置以及距尺寸线的偏移量，如图 4-6 所示。

3）在“文字对齐”选项区中，可以设置标注文字是保持水平还是与尺寸线平行，如图 4-7 所示。

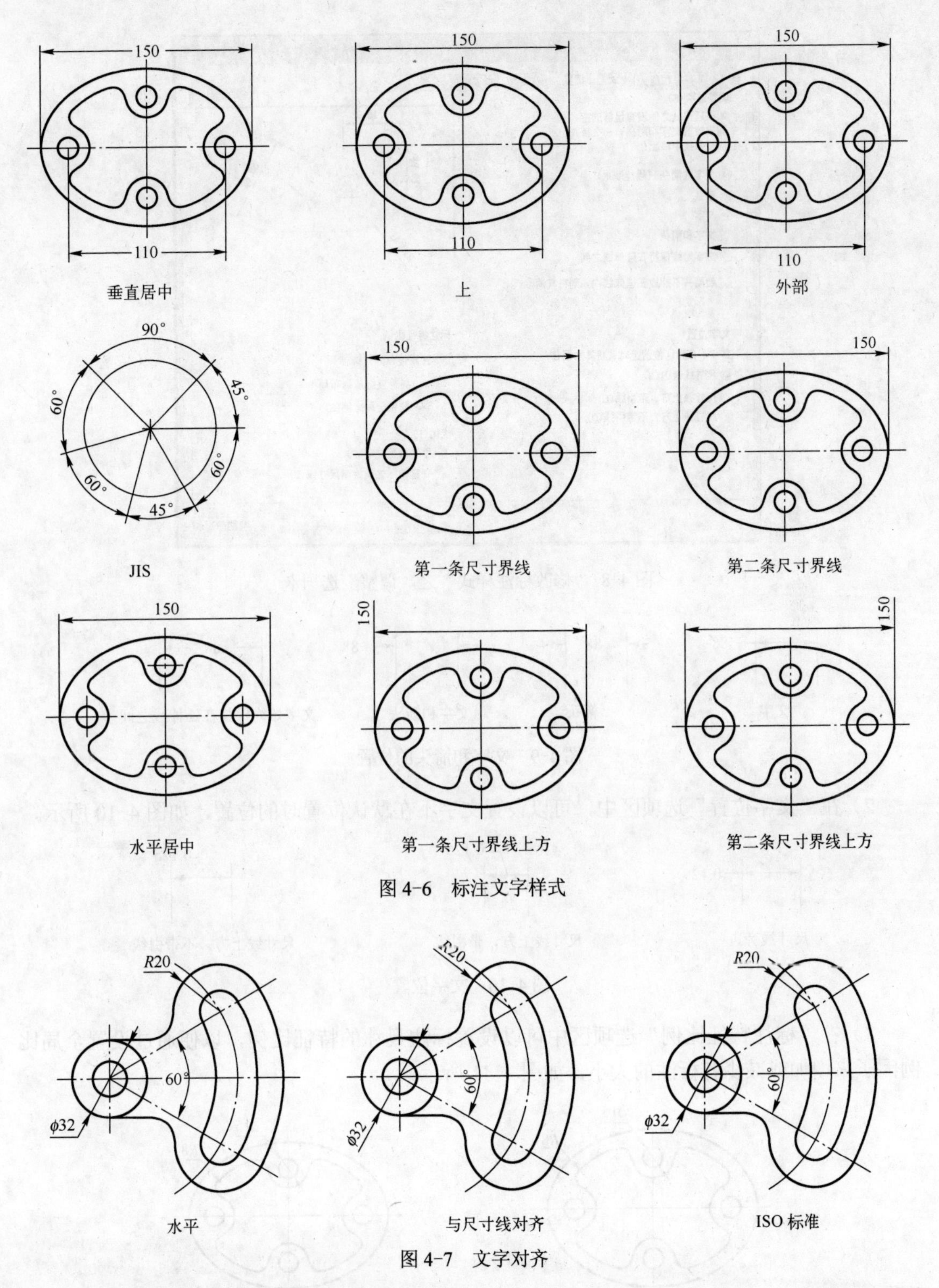

图 4-6　标注文字样式

图 4-7　文字对齐

对“调整”选项卡中的项目说明如下：

1）在“调整选项”选项区中，可以确定当尺寸界线之间没有足够的空间同时放置标注文字和箭头时，应首先从尺寸界线之间移出的对象，如图 4-8、图 4-9 所示。

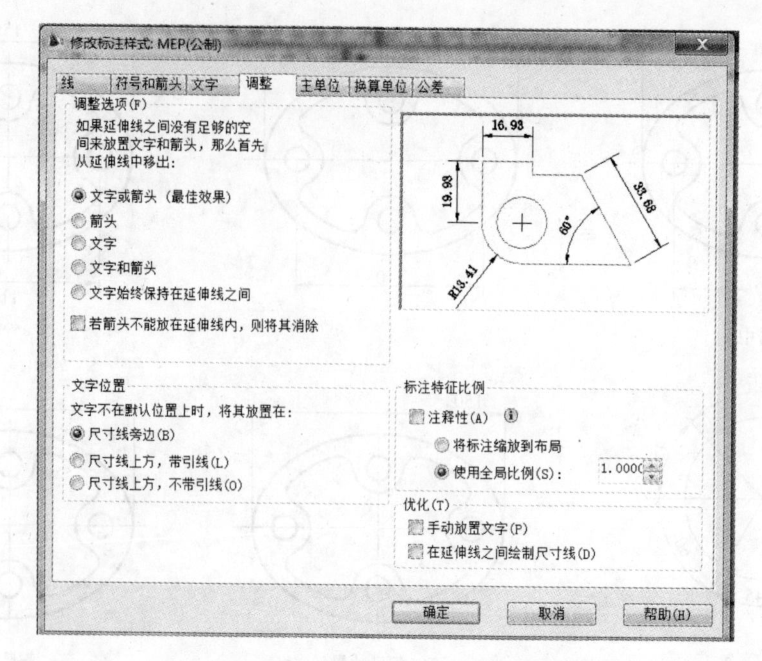

图 4-8 “修改标注样式”之“调整”选项卡

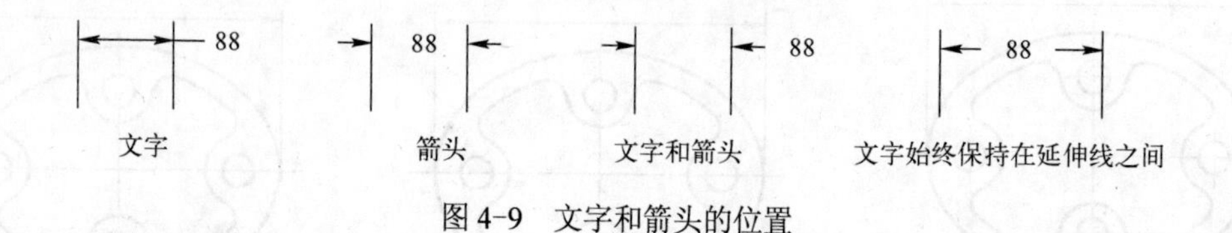

图 4-9 文字和箭头的位置

2）在“文字位置”选项区中，可以设置文字不在默认位置时的位置，如图 4-10 所示。

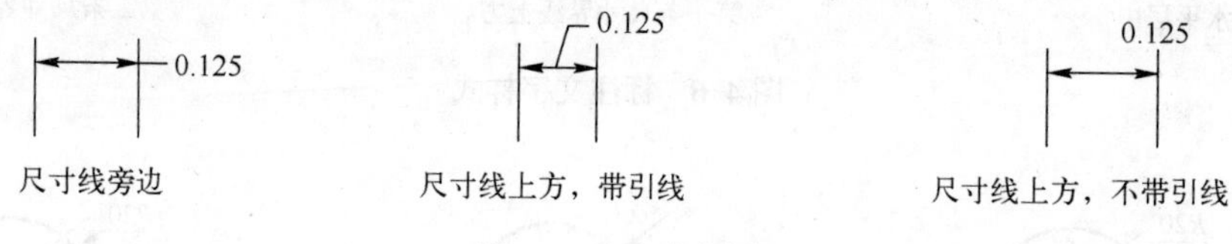

图 4-10 文字位置

3）在“标注特征比例”选项区中可以设置标注尺寸的特征比例，以便通过设置全局比例因子来增加或减少各标注的大小，如图 4-11 所示。

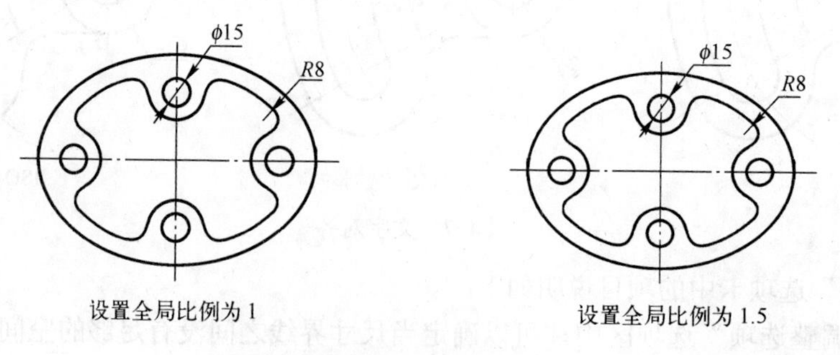

图 4-11 标注比例

在“主单位”选项卡中，可以设置主单位的格式与精度等属性，如图 4-12 所示。

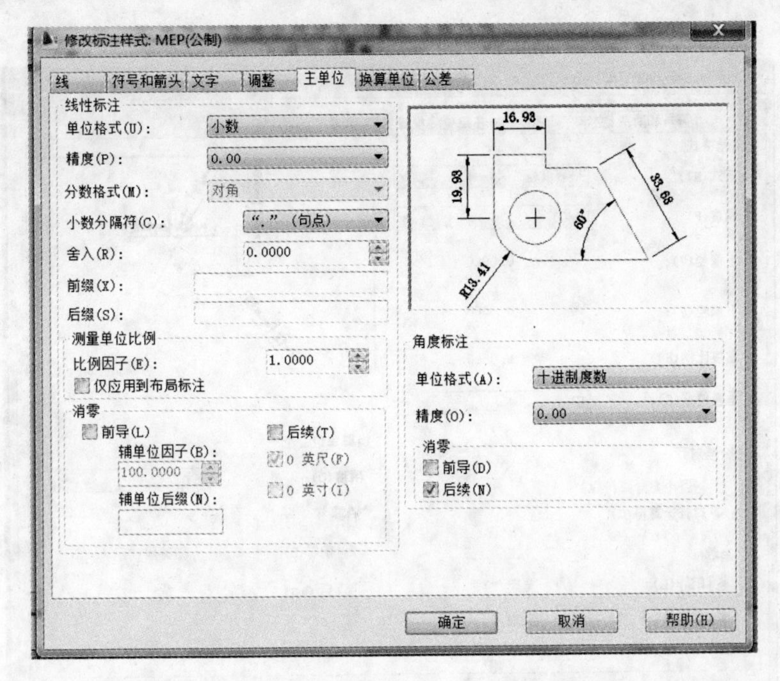

图 4-12 “修改标注样式”之“主单位”选项卡

在“换算单位”选项卡中，可以设置换算单位的格式，如果有需要，可以把“显示换算单位”复选框选中，然后调整换算单位，如图 4-13 所示。

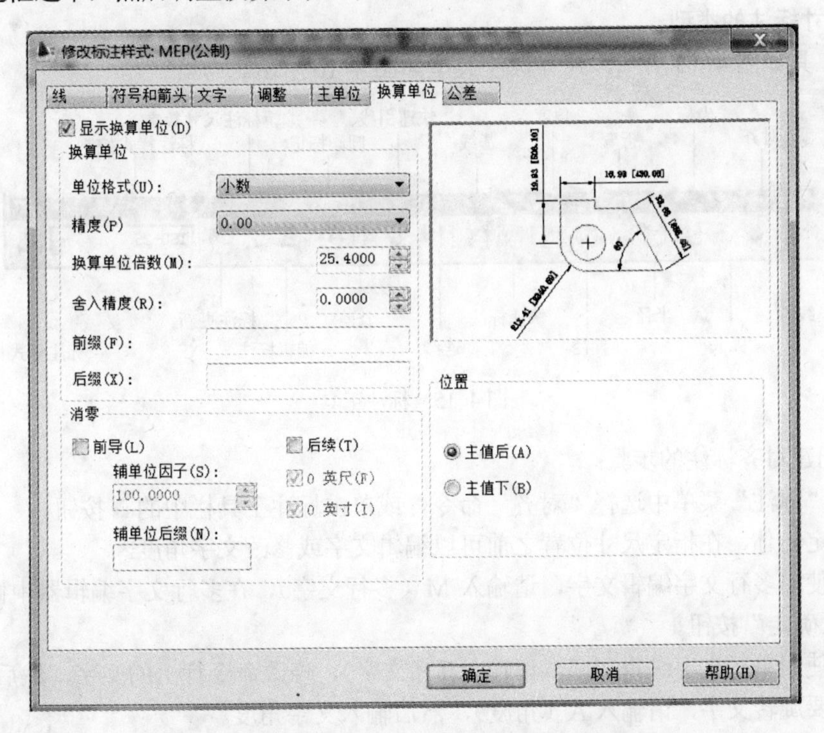

图 4-13 “修改标注样式”之“换算单位”选项卡

在“公差”选项卡用于设置是否标注公差，以及以何种方式进行标注，如图 4-14 所示。

图 4-14 “修改标注样式”之“公差”选项卡

4. 尺寸标注的类型

标注工具如图 4-15 所示，尺寸标注类型如图 4-16 所示。

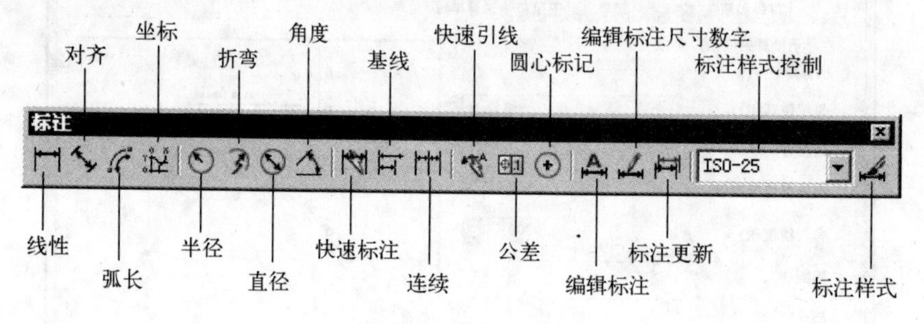

图 4-15 标注工具

（1）创建对齐标注的步骤：

1）在“标注”菜单中选择“对齐”命令，或单击标注工具栏中的按钮。

2）指定物体，在指定尺寸位置之前可以编辑文字或修改文字角度。

① 若使用多行文字编辑文字，请输入 M（多行文字），在多行文字编辑器中修改文字，然后单击“确定”按钮。

② 若使用单行文字编辑文字，请输入 T（文字），修改命令行上的文字，然后确定。

③ 若要旋转文字，请输入 A（角度），然后输入文字角度。

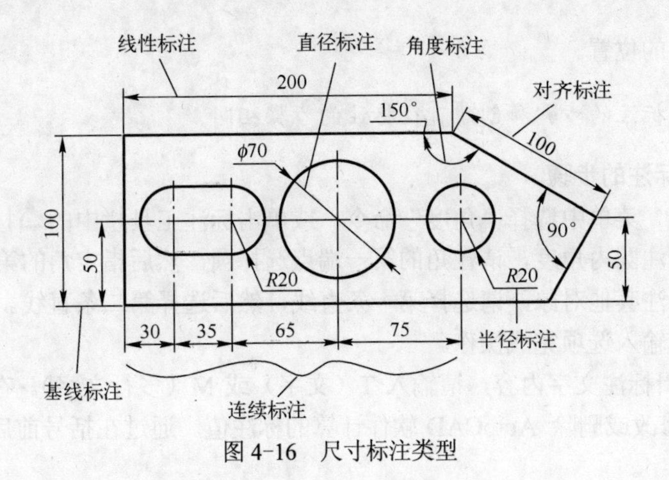

图 4-16　尺寸标注类型

注：创建线性标注的方法和创建对齐标注的方法一样。

（2）创建基线线性标注的步骤：

1）在“标注”菜单中选择“基线”命令，或单击标注工具栏中的按钮。默认情况下，上一个创建的线性标注的原点用作新基线标注的第一尺寸界线，AutoCAD 软件提示指定第二条尺寸线。

2）使用对象捕捉选择第二条尺寸界线的原点，或按〈Enter〉键选择任意标注作为基准标注。AutoCAD 软件在指定距离（在“标注样式管理器”的“线”选项卡的“基线间距”微调框中指定）自动放置第二条尺寸线。

3）使用对象捕捉指定下一个尺寸界线的原点。

4）根据需要继续选择尺寸界线的原点。

5）按两次〈Enter〉键结束命令。

注：基线标注必须借助于线性标注或对齐标注，连续标注必须借助于线性标注和对齐标注，不能单独使用。

（3）创建连续线性标注的步骤：

1）在“标注”菜单中选择“连续”命令，或单击标注工具栏中的按钮。AutoCAD 软件使用现有标注的第二条尺寸界线的原点作为第一条尺寸界线的原点。

2）使用对象捕捉指定其他尺寸界线的原点。

3）按两次〈Enter〉键结束命令。

4.2　标注的具体操作方法

1．创建直径标注的步骤

（1）在“标注”菜单中选择“直径”命令，或单击标注工具栏中的按钮。

（2）选择要标注的圆或圆弧。

（3）根据需要输入选项，如果要编辑标注文字内容，请输入 T（文字）或 M（多行文字）；如果要改变标注文字角度，请输入 A（角度）。

（4）指定引线的位置。

注：创建半径标注的步骤和创建直径标注的步骤相同。

2．创建角度标注的步骤

（1）在“标注”菜单中选择“角度”命令，或单击标注工具栏中的△按钮。

（2）如果要标注圆内角度，请在角的第一端点选择圆，然后指定角的第二端点。

（3）如果要标注其他对象，请选择第一条直线，然后选择第二条直线。

（4）根据需要输入选项完成操作。

1）如果要编辑标注文字内容，请输入 T（文字）或 M（多行文字）。在括号内编辑或覆盖括号（<>）将修改或删除 AutoCAD 软件计算的标注值。通过在括号前后添加文字可以在标注值前后附加文字。

2）如果要编辑标注文字角度，请输入 A（角度）。

3．创建引线的步骤

（1）在“标注”菜单中选择“引线”命令，或单击标注工具栏中的按钮。

（2）按〈Enter〉键显示“引线设置”对话框并进行以下选择：

1）在“引线和箭头”选项卡中选择“直线”，在“点数”下选择“无限制”。

2）在“注释”选项卡中选择“多行文字”。

3）单击“确定”按钮。

（3）指定引线的“第一个”引线点和“下一个”引线点。

（4）按〈Enter〉键结束引线点的选择。

（5）指定文字宽度。

（6）输入该行文字，按〈Enter〉键根据需要输入新的文字行。

（7）按两次〈Enter〉键结束命令。

完成引线标注命令后，文字注释将变成多行文字对象。快速引线中的文字可用快捷键 ED 来修改。

4．综合标注

（1）坐标标注：横向标注是 Y 轴坐标值，纵向标注是 X 轴坐标值。

（2）快速标注：可以快速创建标注布局。

（3）几何公差：旧称形位公差，在机械图样中极为重要。一方面，如果几何公差不进行控制，装配件就不能装配；另一方面，过度吻合的几何公差又会由于额外的制造费用而造成浪费，但在大多数的建筑图形中，几何公差几乎是不存在的。

几何公差的符号表示如图 4-17 所示。

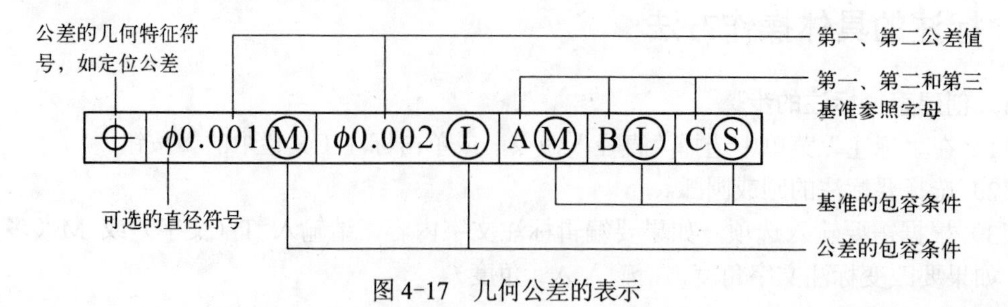

图 4-17　几何公差的表示

第一、第二公差值需要加入几何特征符号；第一、第二和第三基准参照字母按顺序填写；特征控制框至少包含几何特征符号和公差值两部分，各组成部分的意义如下：

1）几何特征：用于表明同心度、同轴度、对称度、平行度、垂直度、圆柱度、平面度、圆度、直线度等。

2）直径：用于指定一个圆形的公差带，并放于公差值前。

3）公差值：用于指定特征整体公差的数值。

4）包容条件：用于大小可变的几何特征，有 M、L、S 和空白 4 个选择，其中 M 表示最大包容条件，几何特征包含规定极限尺寸内的最大容量，L 表示最小包含条件，几何特征包含规定极限尺寸内的最小容量，S 表示不考虑特征尺寸，这时几何特征可能是规定极限尺寸内的任意大小。

5）基准：特征控制框中的公差值，最多可跟随 3 个可选的基准参照字母及其修饰符号。

在“标注”菜单中选择“公差”命令或单击标注工具栏中的按钮，可以打开“形位公差”对话框，如图 4-18 所示。

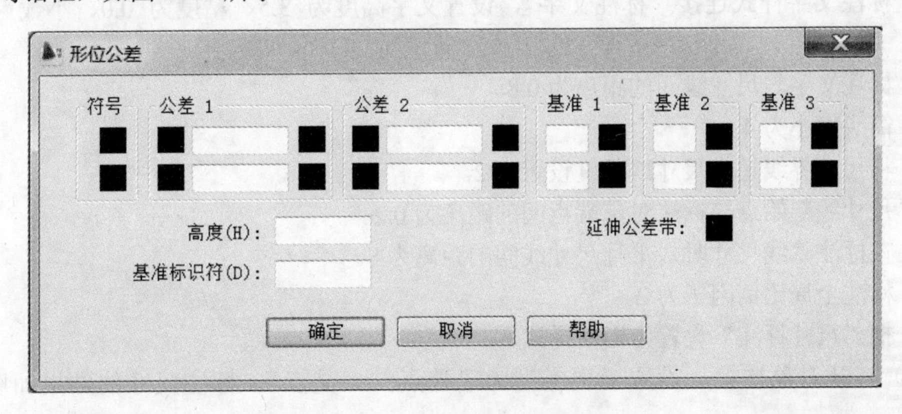

图 4-18 “形位公差”对话框

6）编辑标注：可以编辑已有标注的标注文字内容和放置位置。

①“默认”：选择该选项，并选择尺寸对象，可以按默认位置及方向放置尺寸文字。

②“新建”：可以修改尺寸对象，此时系统将显示“文字格式”工具栏和文字输入窗口，修改或输入尺寸文字后，选择需要修改的尺寸对象即可。

③“旋转”：可以将尺寸文字旋转一定的角度。

④“倾斜”：可以使非角度标注的尺寸界线倾斜一个角度。

7）编辑标注文字：主要是控制文字的位置。

【例 4-1】 尺寸标注综合练习，如图 4-19 所示。

首先按图中尺寸绘图，然后进行尺寸标注。

（1）建立一个名为“标注”的图层，设置图层颜色为红色、线型为“Continuous”，并使其成为当前层。

（2）创建新的文字样式，样式名为“标注文字”。与该样式相连的字体名是“txt”。

（3）创建一个尺寸样式，名称为“尺寸标注”。对该样式做以下设置：

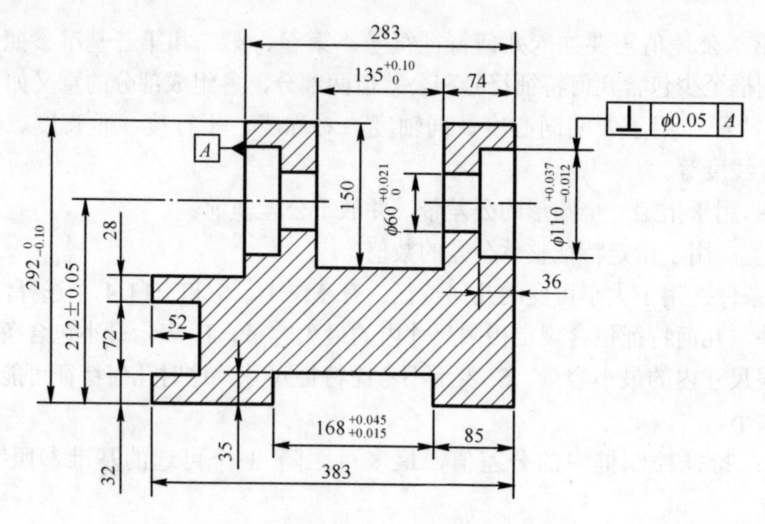

图 4-19　零件图

1）标注文字样式连接“标注文字”，设置文字高度为 3.5、精度为 0.0、小数点格式为“句点”。

2）标注文字与尺寸线间的距离为 0.8。

3）箭头大小为 4.2。

4）将尺寸界线超出尺寸线长度设置为 2。

5）尺寸线起始点与标注对象端点间的距离为 0.2。

6）在标注基线尺寸时，平行尺寸线间的距离为 8。

7）标注全局比例因子为 2。

8）把“尺寸标注”设置为当前样式。

（4）打开对象捕捉，设置捕捉类型为“端点”、“交点”。标注尺寸的结果如图 4-19 所示。

【例 4-2】 尺寸标注综合练习，如图 4-20 所示。

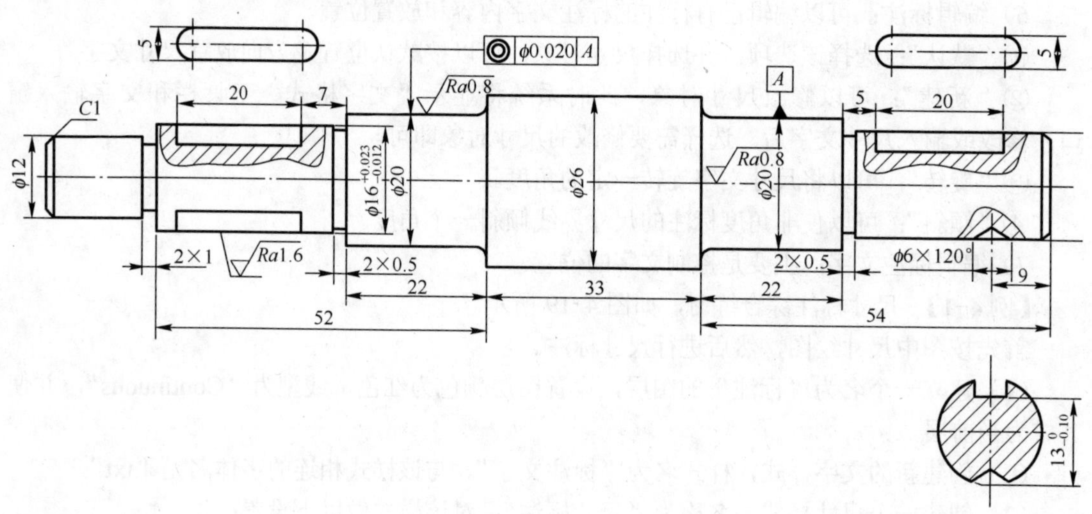

图 4-20　轴

首先按图中尺寸绘图，然后进行尺寸标注。

（1）建立一个名为“标注”的图层，设置图层颜色为红色、线型为“Continuous”，并使其成为当前层。

（2）创建新的文字样式，样式名为“标注文字”。与该样式相连的字体名是“txt”。

（3）创建一个尺寸样式，名称为“尺寸标注”。对该样式做以下设置：

1）标注文字样式连接“标注文字”，设置文字高度为 3.5、精度为 0.0、小数点格式为“句点”。

2）标注文字与尺寸线间的距离为 0.8。

3）箭头大小为 4.2。

4）将尺寸界线超出尺寸线长度设置为 2。

5）尺寸线起始点与标注对象端点间的距离为 0.2。

6）在标注基线尺寸时，平行尺寸线间的距离为 8。

7）标注全局比例因子为 2。

8）把“尺寸标注”设置为当前样式。

（4）打开对象捕捉，设置捕捉类型为“端点”、“交点”。标注尺寸的结果如图 4-20 所示。

4.3 小结

本章介绍了尺寸标注的组成与规则，如何设置标注的样式和尺寸标注的类型，还介绍了标注尺寸的基本方法，并说明了如何使用尺寸样式来控制尺寸标注。此外，本章还通过一些实例讲述了怎样创建和编辑各种类型的尺寸。

在 AutoCAD 中可以标注多种类型的尺寸，如长度型、直径型和半径型等，标注的外观由当前尺寸标注样式控制。如果尺寸外观看起来不正确，则可调整标注样式进行修正。从本质上讲，标注样式是标注变量的一组设置，通过可命名的标注样式就可以方便、有效地管理这些系统变量。

标注样式在控制标注的位置及外观上有很大的灵活性，但对样式修改并存储后，这种变化将施加到所有类型的尺寸上。为避免这种情况，可以建立专门用于控制某种特殊类型尺寸的样式簇，使该类型的尺寸由样式簇来控制。AutoCAD 提供了线性、直径、半径、角度、坐标、引线和公差 7 种样式簇。

在实际标注中，多数尺寸使用当前某种形式的标注样式来控制，但偶尔需建立一些特殊的标注形式，例如标注公差。在这种情况下，不需要建立一个全新的标注样式，只需使用标注样式的覆盖方式就可以了。这样在调整了某些尺寸变量后，它们仅仅会影响此后的标注。

如果想全局地修改尺寸标注，可调整与尺寸标注相关联的尺寸样式。若要编辑单个尺寸的属性，则要使用有关的编辑命令。

4.4 章后练习

先绘制如练习图 4-1～4-7 所示的图形，再进行尺寸标注。

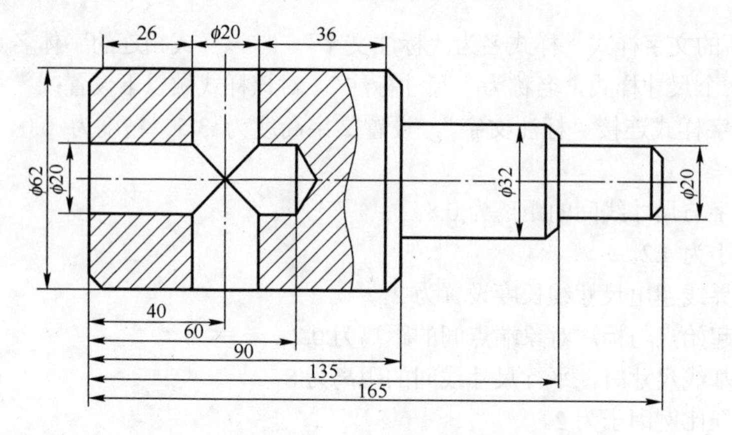

练习图 4-1 平面图形（1）

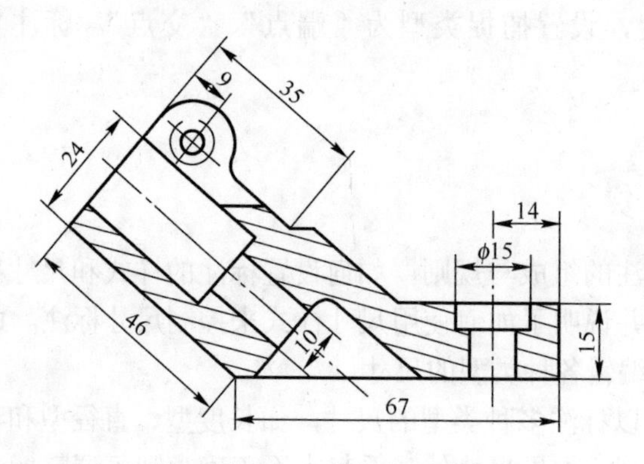

练习图 4-2 平面图形（2）

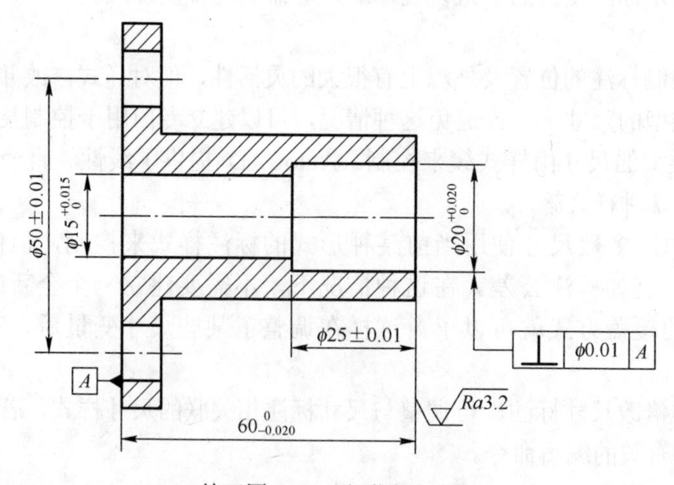

练习图 4-3 平面图形（3）

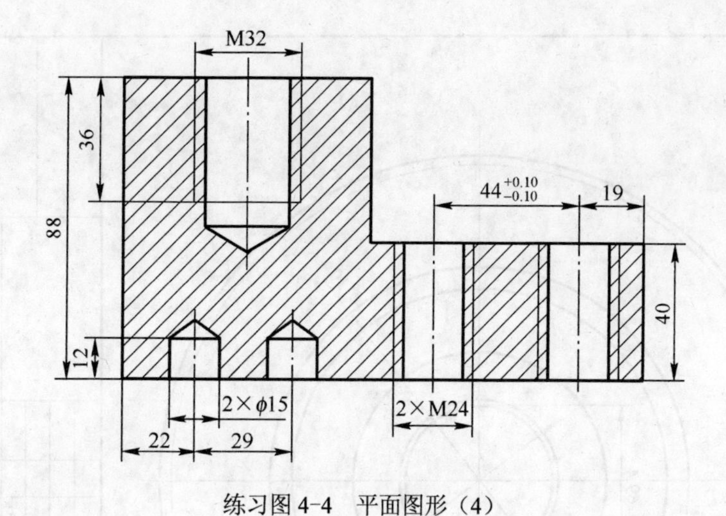

练习图 4-4　平面图形（4）

技术要求

1. 铸件不得有裂纹、气孔、砂眼、缩孔等铸造缺陷。
2. 铸件应经时效处理，消除内应力。
3. 除加工表面，表面涂深灰色皱纹漆。

零件截面图		比例	1:10	ZG06-01
		件数	1	
制图		重量	20kg	共1张 第1张
		CAD 教研室		
审核				

练习图 4-5　零件图（1）

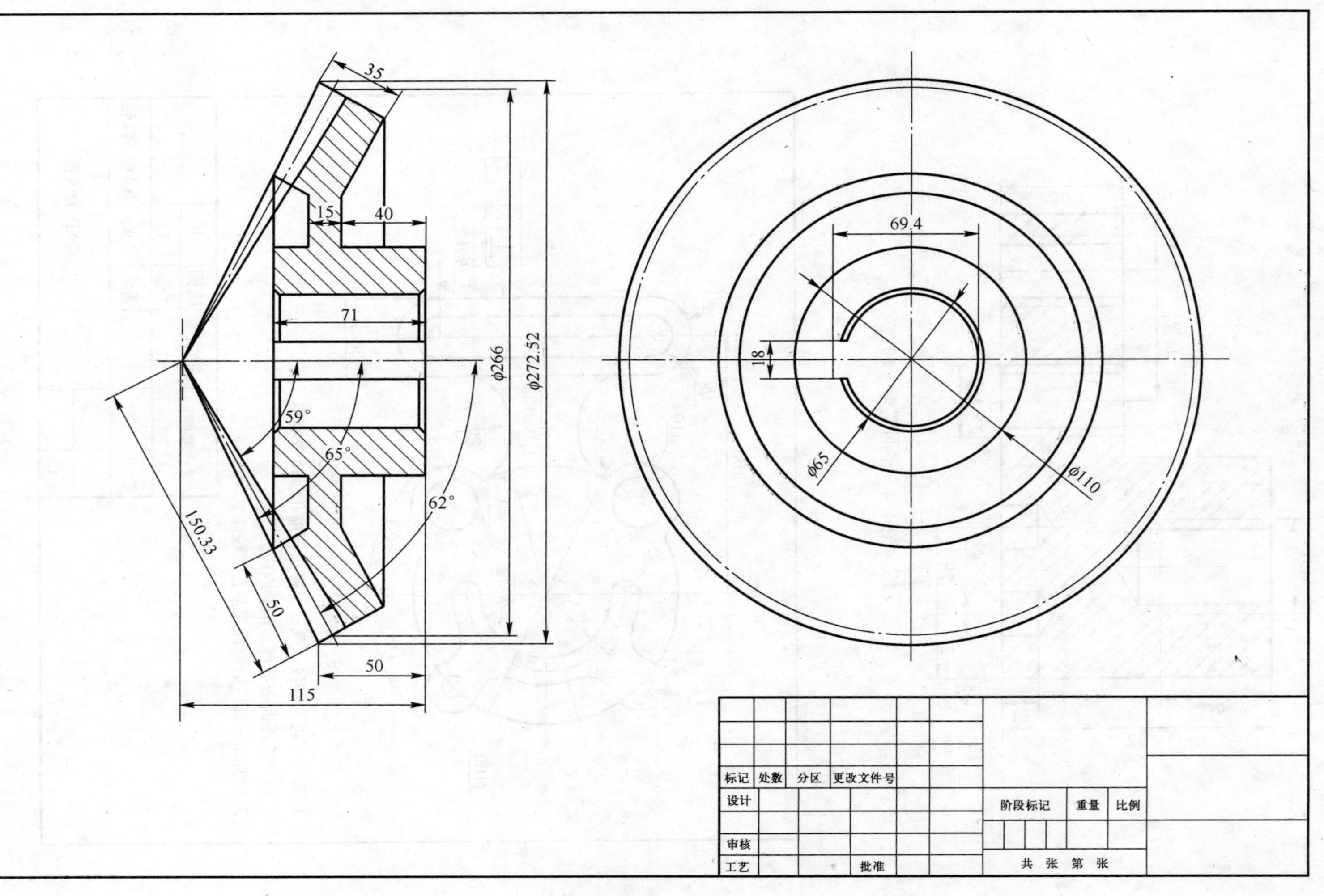

35
15
40
71
59°
65°
62°
150.33
50
50
115
φ266
φ272.52
69.4
18
φ65
φ110
标记
处数
分区
更改文件号
设计
审核
工艺
批准
阶段标记
重量
比例
共 张 第 张

练习图 4–6 零件图（2）

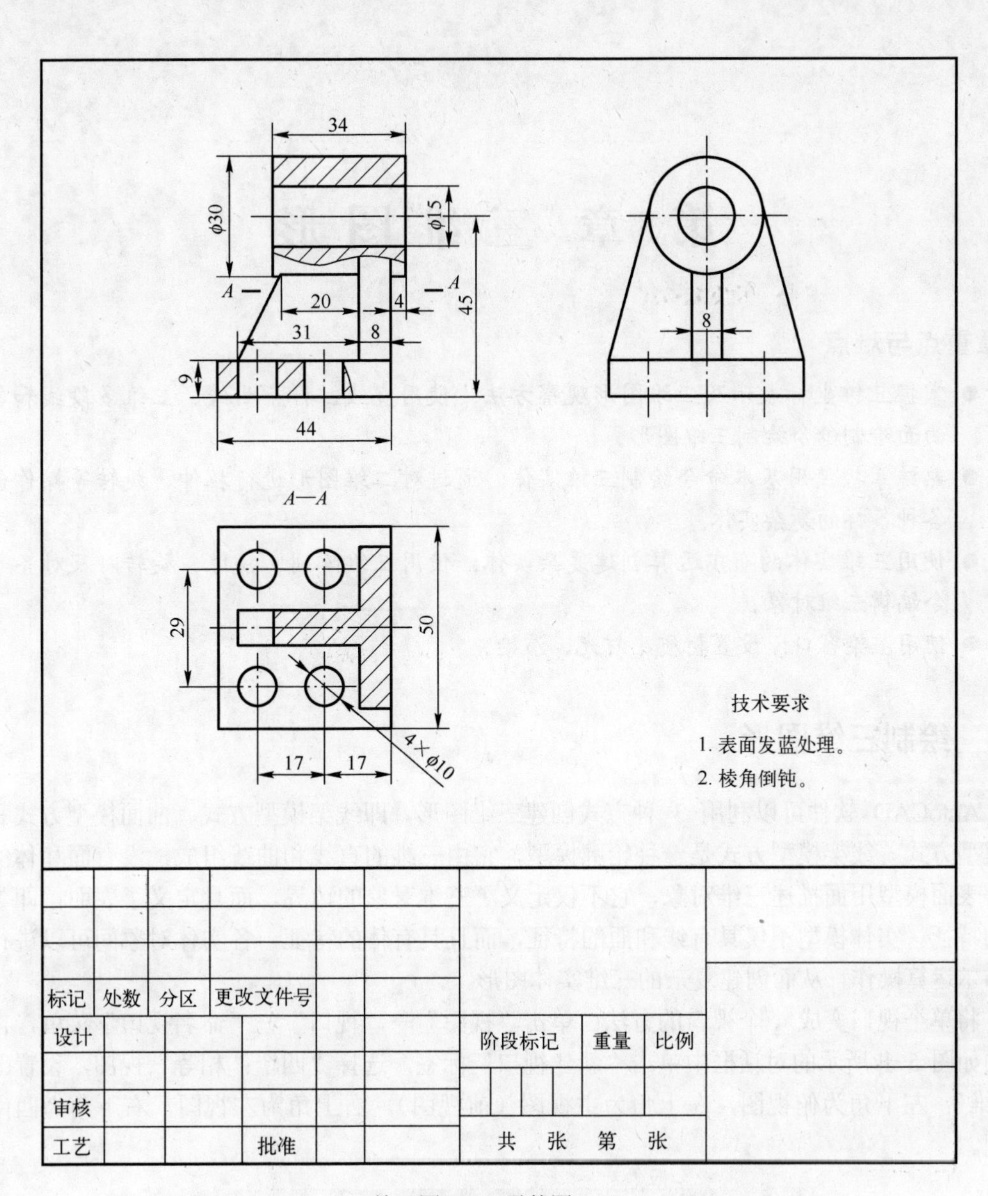
34
φ30
φ15
A
A
20
4
45
31
8
9
44
8
A—A
29
50
17
17
4×φ10
技术要求
1. 表面发蓝处理。
2. 棱角倒钝。
标记
处数
分区
更改文件号
设计
阶段标记
重量
比例
审核
工艺
批准
共 张 第 张

练习图 4-7 零件图（3）

第5章 三 维 图 形

本章重点与难点

- 掌握三维坐标表示及三维图形观察方法；使用直线、样条曲线、三维多段线和各种曲面绘制命令绘制三维图形。
- 熟练掌握使用基本命令绘制三维实体；通过对二维图形进行拉伸、旋转等操作创建各种各样的复杂实体。
- 使用三维实体的布尔运算创建复杂实体；使用三维阵列、镜像、旋转以及对齐等命令编辑三维对象。
- 使用渲染窗口；设置材质、灯光、渲染。

5.1 绘制三维图形

AutoCAD 软件可以利用 3 种方式创建三维图形，即线架模型方式、曲面模型方式和实体模型方式。线架模型方式是一种轮廓模型，它由三维的直线和曲线组成，没有面和体的特征。表面模型用面描述三维对象，它不仅定义了三维对象的边界，而且定义了表面，即具有面的特征。实体模型不仅具有线和面的特征，而且具有体的特征，各实体对象间可以进行各种布尔运算操作，从而创建复杂的三维实体图形。

将单个视口变成 4 个视口的方法：单击“视图”→“视口”→“命名视口”菜单，在弹出的如图 5-1 所示的对话框中单击“新建视口”标签，选择“四个：相等”视图，设置改为“三维”，左下角为俯视图，左上角为主视图（前视图），右上角为左视图，右下角为西南等轴测。

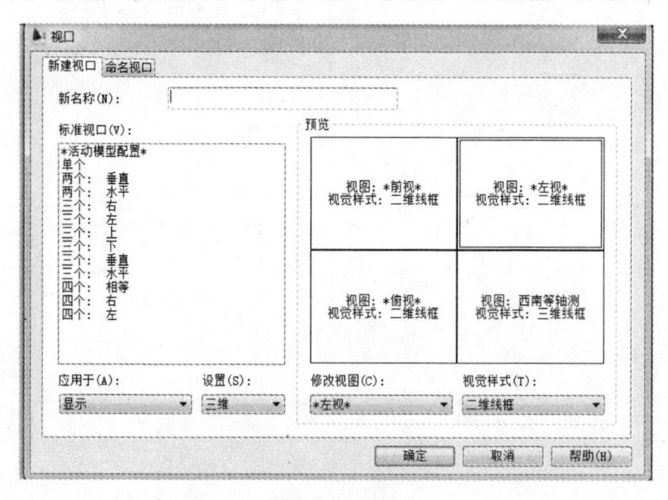

图 5-1 视口

1. 观察三维图形

在 AutoCAD 软件中，使用“视图”菜单的“缩放”、“视图”子菜单下的“平移”子菜单中的命令可以缩放或平移三维图形，以观察图形的整体或局部。其方法与观察平面图形的方法相同。此外，在观察三维图形时，还可以通过旋转、消隐及着色等方法。

（1）消隐图形。在绘制三维曲面及实体时，为了更好地观察效果，可选择“视图”菜单中的“消隐”命令（HIDE），暂时隐藏位于实体背后被遮挡的部分。

（2）着色图形。在 AutoCAD 软件中，使用“视图”菜单的“着色”子菜单中的命令可生成“二维线框”、“三维线框”、“消隐”、“平面渲染”、“体渲染”、“带边框平面渲染”和“带边框体渲染”多种视图。例如，选择“视图”→“着色”→“平面着色”命令，以图形的线框颜色着色图形。

2. 视觉样式管理器

视觉样式管理器如图 5-2 所示。

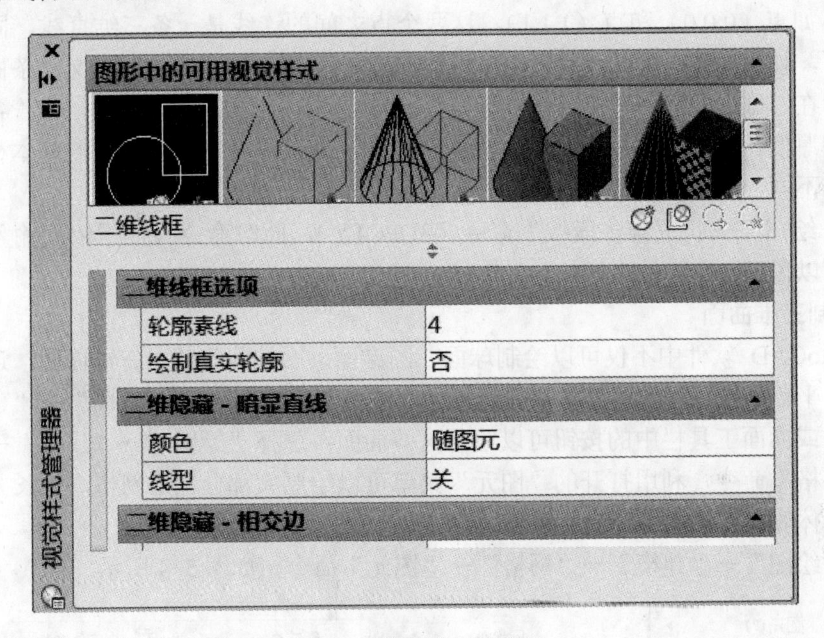

图 5-2　视觉样式管理器

用户可在立体表面上涂单一颜色，还可根据立体面所处方位的不同表现出对光线折射的差别。

（1）二维线框：显示用直线和曲线表示边界的对象。

（2）三维线框：显示用直线和曲线表示边界的对象，这时 UCS 为一个着色的三维图标。

（3）消隐：显示用三维线框表示的对象，同时消隐表示后面的线。

（4）平面着色：用于在多边形面之间着色对象，但平面着色的对象不像体着色的对象那样细致、光滑。

（5）体着色：用于对多边形平面之间的对象进行着色，并使其边缘平滑，给对象一个光滑、具有真实感的外观。

（6）带边框平面着色：合并平面着色和线框选项。

（7）带边框体着色：合并体着色和线框选项。

下面介绍“三维动态观察器”命令。

（1）选择“视图”菜单中的“三维动态观察器”命令（BDORBIT），或单击工具栏中的“三维动态观察”按钮，可通过单击和拖动的方式在三维空间动态观察对象。在移动光标时，其形状也将随之改变，以指示视图的旋转方向。

（2）单击“三维回旋”按钮，则鼠标拖动的方向就是旋转的方向，鼠标拖动的快与慢就是模型旋转速度的快与慢。

3．绘制三维点和线

选择“绘图”→“点”命令，或在绘图工具栏中单击“点”按钮，然后在命令行中直接输入三维坐标即可绘制三维点。由于三维图形对象上的一些特殊点（如交点、中点等）不能通过输入坐标的方法实现，可以采用三维坐标下的目标捕捉法来拾取点。在三维空间中指定两个点后，如点（0,0,0）和点（1,1,1），这两个点之间的连线是一条三维直线。同样，在三维坐标系下，使用“样条曲线”命令可以绘制复杂三维样条曲线，这时定义样条曲线的点不是共面点。在二维坐标系下，使用“绘图”→“多段线”命令绘制多段线，尽管各线条可以设置宽度和厚度，但它们必须共面。三维多线段的绘制过程和二维多线段的基本相同，但其使用的命令不同，另外在三维多线段中只有直线段，没有圆弧段。

选择“绘图”→“三维多段线”命令（3DPOLY），此时命令行提示依次输入不同的三维空间点，以得到一个三维多段线。

4．绘制三维曲面

在 AutoCAD 软件中不仅可以绘制球面、圆锥面、圆柱面等基本三维曲面，还可以绘制旋转网格、平移网格、直纹网格和边界网格，如图 5-3 所示。使用“绘图”→“建模”子菜单中的命令或曲面工具栏中的按钮可以绘制这些曲面；选择“绘图”→“建模”→“网格”→“三维网格”命令，利用打开的“图元”菜单可以绘制大部分三维网格，如长方体表面、棱锥面、楔体表面及球面等。

选择“绘图”→“建模”→“网格”→“图元”命令，如图 5-4 所示。

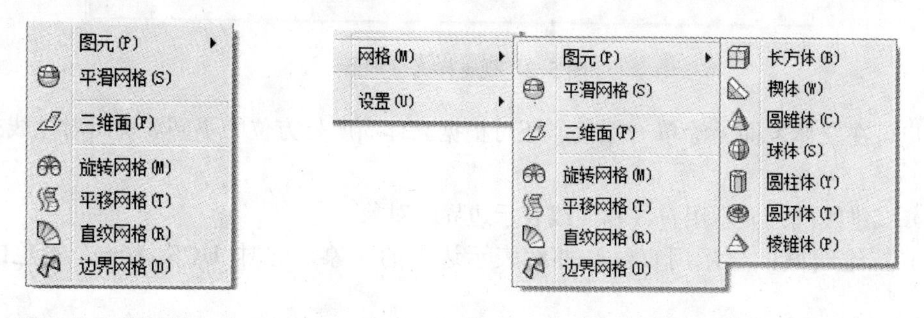

图 5-3　三维绘图工具

图 5-4　三维对象

用户可以绘制三维面，三维面是三维空间的表面，它没有厚度，也没有质量属性。由“三维面”命令创建的每个面的顶点可以有不同的 Z 坐标，但构成各个面的顶点最多不能超过 4 个。选择“绘图”→“建模”→“网格”→“三维面”命令（3DMESH），可以根据指定的 M 行 N 列个顶点和每一顶点的位置生成三维空间多边形网格。M 和 N 的最小值为 2，表明定义多边形网格至少要 4 个点，*M* 和 *N* 的最大值为 256。

选择“绘图”→“建模”→“网格”→“旋转网格”命令（REVSURF），可以将曲线绕旋转轴旋转一定的角度，形成旋转曲面。选择“绘图”→“建模”→“网格”→“平移网格”命令（RULESURF），可以将路径曲线沿方向矢量进行平移后构成平移曲面。选择“绘图”→“建模”→“网格”→“直纹网格”命令（RULESURF）/“边界网格”命令（EDGESURF），可以使用 4 条首尾连接的边创建三维多边形网格。

5. 绘制基本实体

在 AutoCAD 软件中，使用“绘图”→“实体”子菜单中的命令，或使用实体工具栏中的按钮可以绘制长方体、球体、圆柱体、圆锥体、楔体及圆环体等基本实体模型，如图 5-5 所示。

图 5-5　实体工具栏

（1）选择“绘图”→“建模”→“多段体”命令（Polysolid），或在实体工具栏中单击“多段体”按钮，都可以绘制多段体，此时命令行显示如下提示。

指定起点或 [对象(O)/高度(H)/宽度(W)/对正(J)]<对象>:

（2）选择“绘图”→“建模”→“长方体”命令（BOX），或在实体工具栏中单击“长方体”按钮，都可以绘制长方体，此时命令行显示如下提示。

指定长方体的角点或 [中心点(CE)] <0,0,0>:

在创建长方体时，其底面应与当前坐标系的 XY 平面平行，方法主要有指定长方体角点和中心两种。

（3）选择“绘图”→“建模”→“楔体”命令（WEDGE），或在实体工具栏中单击“楔体”按钮，都可以绘制楔体。由于楔体是长方体沿对角线切成两半后的结果，因此可以使用与绘制长方体同样的方法来绘制楔体。

（4）选择“绘图”→“建模”→“圆柱体”命令（CYLINDER），或在实体工具栏中单击“圆柱体”按钮，可以绘制圆柱体或椭圆柱体。

（5）选择“绘图”→“建模”→“圆锥体”命令（CONE），或在实体工具栏中单击“圆锥体”按钮，即可绘制圆锥体或椭圆形锥体。

（6）选择“绘图”→“建模”→“球体”命令（SPHERE），或在实体工具栏中单击“球体”按钮，都可以绘制球体。

（7）选择“绘图”→“建模”→“圆环体”命令（TORUS），或在实体工具栏中单击“圆环体”按钮，都可以绘制圆环实体，此时需要指定圆环的中心位置、圆环的半径或直径，以及圆管的半径或直径。

6. 通过二维图形创建实体

在 AutoCAD 软件中，选择“绘图”→“建模”→“拉伸”命令（EXTRUDE），可以将 2D 对象沿某个方向拉伸成实体。拉伸对象称为断面，可以是任何二维封闭多段线、圆、椭圆、封闭样条曲线和面域，多段线对象的顶点数不能超过 500 个且不少于 3 个。

对二维线进行拉伸的方法：

（1）在命令栏中输入快捷键 EXT。

（2）指定位伸的高度。

（3）指定拉伸的倾斜角度。

（4）确定。

使用“绘图”→“建模”→“旋转”命令，可以将二维对象绕某一轴旋转生成实体，用于旋转的二维对象可以是封闭多段线、多边形、圆、椭圆、封闭样条曲线、圆环及封闭区域。三维对象、包含在块中的对象、有交叉或自干涉的多段线不能被旋转，而且每次只能旋转一个对象。

5.2 三维实体的编辑

1. 并集、差集、交集运算

在 AutoCAD 软件中可以通过对三维实体进行并集、差集、交集等布尔运算来创建复杂实体。

- 并集运算：并集是指将两个实体所占的全部空间作为新实体。
- 差集运算：指 A 实体在 B 实体上（或 B 实体在 A 实体上）所占的空间部分清除后，形成的新实体（A-B 或 B-A）。
- 交集运算：指两个实体的公共部分作为新实体。

（1）选择“修改”→“实体编辑”→“并集”命令（UNION），或在实体编辑工具栏中单击“并集”按钮，可以实现并集运算。

使用并集的步骤：

1）在“修改”菜单中选择“实体编辑”命令或单击实体编辑工具栏中的按钮。

2）为并集选择一个面域。

3）选择另一个面域。

4）可以按任何顺序选择要合并的面域。然后继续选择面域，或按〈Enter〉键结束命令。

（2）选择“修改”→“实体编辑”→“差集”命令（SUBTRACT），或在实体编辑工具栏中单击“差集”按钮，可以实现差集运算。

使用差集的步骤：

1）在“修改”菜单中选择“实体编辑”命令或单击实体编辑工具栏中的按钮。

2）选择一个或多个要从其中减去的面域，然后按〈Enter〉键。

3）选择要减去的面域，然后按〈Enter〉键。

结果：从第一个面域中减去了所选定的第二个面域。

（3）选择“修改”→“实体编辑”→“交集”命令（INTERSECT），或在实体编辑工具栏中单击“交集”按钮，可以实现交集运算。

使用交集的步骤：

1）在“修改”菜单中选择“实体编辑”命令或单击实体编辑工具栏中的按钮。

2）选择一个相交面域。

3）选择另一个相交面域。

4）可以按任何顺序选择面域来查找它们的交点，并继续选择面域，或按〈Enter〉键结束命令。

2. 三维操作

选择“修改”→“三维操作”子菜单中的命令，可以对三维空间中的对象进行阵列、镜像、旋转及对齐操作。

（1）选择“修改”→“三维操作”→“三维阵列”命令（3DARRAY），可以在三维空间中使用环形阵列或矩形阵列方式复制对象。

（2）选择“修改”→“三维操作”→“三维镜像”命令（MIRROR3D），可以在三维空间中将指定对象相对于某一平面镜像。执行该命令并选择需要进行镜像的对象，然后指定镜像面。镜像面可以通过 3 点确定，也可以是对象、最近定义的面、Z 轴、视图、XY 平面、YZ 平面和 ZX 平面等。

（3）选择“修改”→“三维操作”→“三维旋转”命令（ROTATE3D），可以使对象绕三维空间中的任意轴（X 轴、Y 轴或 Z 轴）、视图、对象或两点旋转，其方法与三维镜像图形的方法相似。

（4）选择“修改”→“三维操作”→“对齐”命令（ALIGN），可以对齐对象。对齐对象时需要确定 3 对点，每对点都包括一个源点和一个目的点。第 1 对点定义对象的移动，第 2 对点定义二维或三维变换和对象的旋转，第 3 对点定义对象不明确的三维变换，如图 5-6 所示。

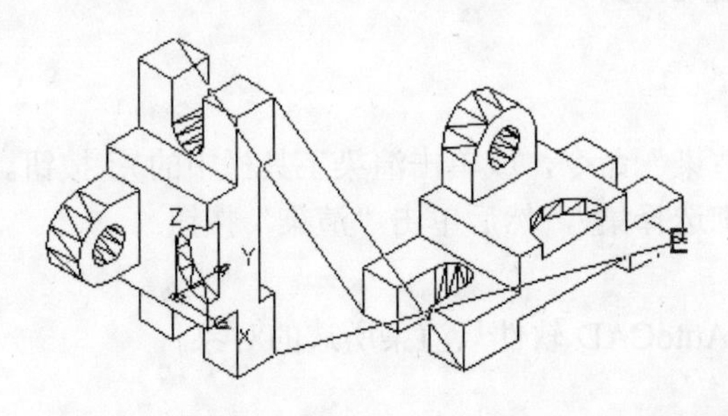

图 5-6 三维图形

3. 其他实体编辑命令

实体编辑工具栏中其他按钮的含义如下：

- 拉伸面：将选定的三维实体对象的面拉伸到指定的高度或沿一路径拉伸，一次可以选择多个面。
- 移动面：沿指定的高度或距离移动选定的三维实体对象的面，一次可以选择多个面。
- 偏移面：按指定的距离或通过指定的点，将面均匀地偏移，正值增大实体尺寸或体积，负值减小实体尺寸或体积。
- 删除面：从选择集中删除先前选择的边。
- 旋转面：绕指定的轴旋转一个面、多个面或实体的某些部分。
- 旋转角度：从当前位置起，使对象绕选定的轴旋转指定的角度。
- 倾斜面：按一个角度将面进行倾斜，倾斜角度的旋转方向由选择的基点和第二点（沿选定矢量）的顺序决定。

- 复制面：从三维实体上复制指定的面。
- 着色面：从三维实体上给指定的面着上指定颜色。
- 压印：文字不能压印，与物体底面平行，被压印的对象必须与选定对象的一个或多个面相交，压印操作仅限于圆弧、圆、直线、二维和三维多段线、椭圆、样条曲线、面域、体及三维实体。
- 清除：清除的是压印的实体。
- 分割：用于布尔运算后的实体。
- 抽壳：选择三维实体后右击确定，然后输入抽壳的数值，用差集布尔运算相减就能看出抽壳效果。

5.3 渲染工具栏

（1）选择“视图”→“渲染”→“渲染”命令，或单击渲染工具栏中的按钮，打开“渲染”对话框，可以从中对场景或指定对象进行渲染。

（2）渲染模型的步骤：

1）显示模型的三维视图。

2）选择“视图”→“渲染”→“渲染”命令，或单击渲染工具栏中的按钮。

3）在“渲染”对话框中默认设置自动渲染。

（3）渲染选定对象的步骤：

1）显示模型的三维视图。

2）选择“视图”→“渲染”→“渲染”命令，或单击渲染工具栏中的按钮。

3）在“渲染”对话框中选择“查询选择集”，然后单击“渲染”按钮。

4）在图形中选择一个或多个对象。

5）按〈Enter〉键完成选择，这时 AutoCAD 软件只渲染所选的对象。

（4）设置渲染材质：

在渲染对象时，使用材质可以增强模型的真实感。

在 AutoCAD 软件中，系统预定义了多种材质，可以将它们应用于三维实体模型中。如果要打开材质库，可在“材质”对话框中单击“材质”按钮。

输入或输出材质的步骤：

1）选择“视图”→“渲染”→“材质”命令，或单击渲染工具栏中的按钮。

2）在输入或输出材质之前，单击“预览”以从样本图像中的小球体或立方体上查看材质的渲染情况。

3）要向图形的材质列表中添加材质，请在“当前库”下从材质库列表中选择一种材质，然后单击“输入”按钮。

注：选择的材质将出现在“当前图形”下的列表中。输入材质可将该材质及其参数复制到图形的材质列表中，材质并不会从库中删除。

4）要从图形中向材质库输出材质，请在“当前图形”下的列表中选择一种材质，然后单击“输出”按钮。

5）要将当前图形中的材质保存到一个已命名的材质库（MLI）文件中，以便和其他图形一起使用这些材质，请在“当前库”下单击“保存”按钮。

6）单击“确定”按钮。

（5）调节应用于三维对象的材质贴图坐标的步骤：

1）选择“视图”→“渲染”→“贴图”命令，或单击渲染工具栏中的按钮。

2）选择在其中应用材质的对象并按〈Enter〉键。

3）在“贴图”对话框的“投影”下选择与选定对象形状最匹配的投影类型。

4）单击“调整坐标”按钮。

5）在“调整坐标”对话框中选择所需选项。

6）单击“确定”按钮。

（6）为对象指定材质附着材质的步骤：

“材质”对话框如图 5-7 所示。

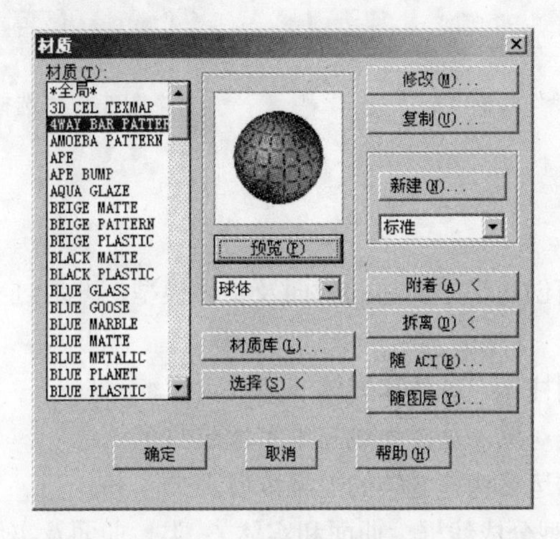

图 5-7 “材质”对话框

1）选择“视图”→“渲染”→“材质”命令，或单击渲染工具栏中的按钮。

2）在“材质”对话框中，从列表中选择一种材质，或者单击“选择”以在图形中选择一种已附着到对象上的材质。

3）将材质直接应用到对象、具有特定 ACI 编号的所有对象或特定图层上的所有对象。

① 要将材质直接附着到一个或多个对象上，请单击“附着”按钮，然后选择图形中的对象。

② 要将材质附着到图形中具有特定 ACI 编号的所有对象上，请单击“随 ACI”按钮，在“根据 AutoCAD 软件颜色索引附着”对话框中选择一个 ACI 编号。

③ 要将材质附着到特定图层的所有对象上，请单击“随图层”按钮，在“根据图层附着”对话框中选择一个图层。

④ 单击“确定”按钮。

再次渲染模型以查看效果。

（7）设置背景：

选择“视图”→“渲染”→“渲染环境”命令，或单击渲染工具栏中的按钮，打开

“渲染环境”对话框，设置背景色，如图 5-8 所示。单击颜色选项后弹出“选择颜色”对话框，如图 5-9 所示选择所需颜色。

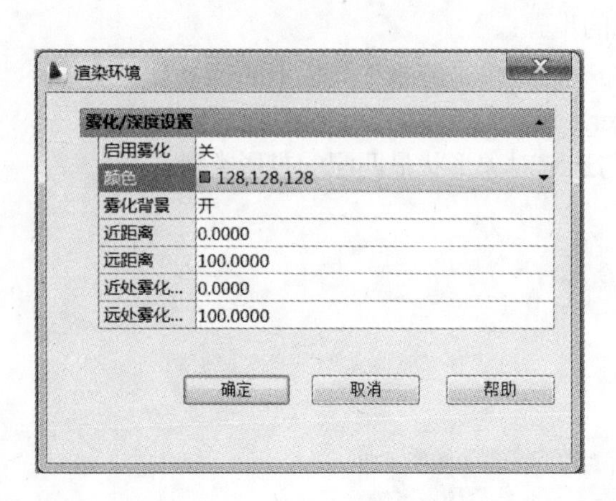

图 5-8 “渲染环境”对话框

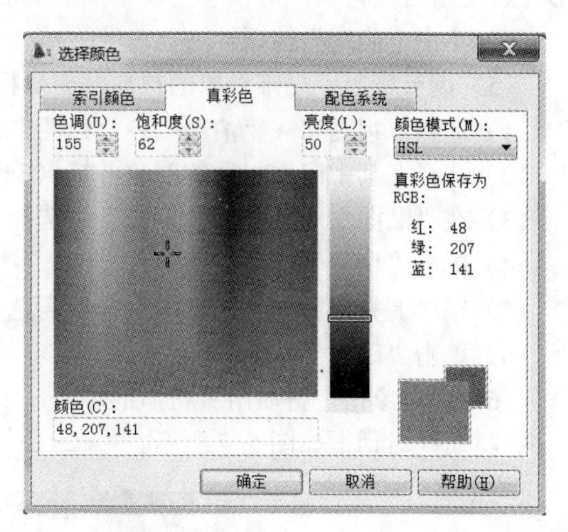

图 5-9 “选择颜色”对话框

5.4 小结

本章着重介绍了如何创建简单立体的表面及实体模型，并通过实例说明了三维建模的方法，具体内容如下：

（1）创建长方体、圆柱体、球体和锥体等基本实体。

（2）拉伸或旋转二维对象，从而生成三维实体或曲面。

（3）通过实体间布尔运算构建复杂的三维模型。

AutoCAD 的三维模型分成线框、曲面和实体 3 类。曲面及实体模型比线框模型具有更多的优点，它们包含了面的信息，可以消隐及渲染，实体模型还具有体积、转动惯量等质量特性。

本章还介绍了有关三维对象阵列、旋转、镜像及对齐等的编辑命令，并介绍了如何编辑实心体的表面、棱边及体。

AutoCAD 提供了专门用于编辑三维对象的命令，如 3DARRAY、3DROTATE、MIRROR3D、3DALIGN 和 SOLIDEDIT 等，其中前 4 个命令用于改变三维模型的位置及在三维空间中复制对象，而 SOLIDEIT 命令具有编辑实心体模型面、边、体的功能，该命令的面编辑功能使学员可以对实体表面进行拉伸、偏移、锥化旋转等操作，边编辑选项允许学员复制棱边及改变棱边的颜色，体编辑功能允许用户将几何对象压印在实体上或对实体进行拆分、抽壳等处理。

使用“渲染”对话框可以设置材质、设置灯光；可以渲染背景图片。

5.5 章后练习

利用本章所学内容选择完成如练习图 5-1～5-9 所示图形的绘制。

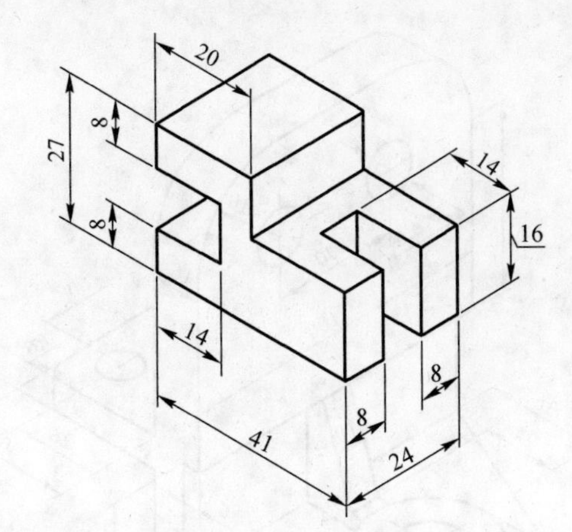

练习图 5-1　轴测图（1）

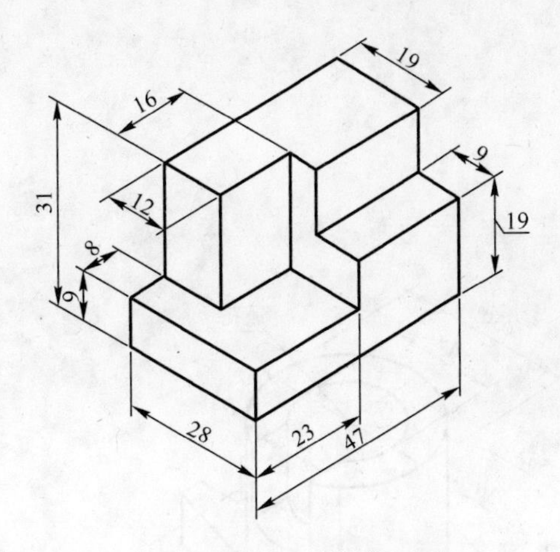

练习图 5-2　轴测图（2）

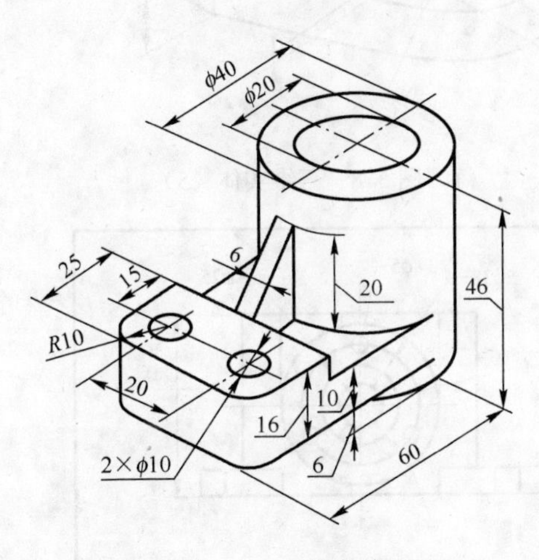

练习图 5-3　三维实体（1）

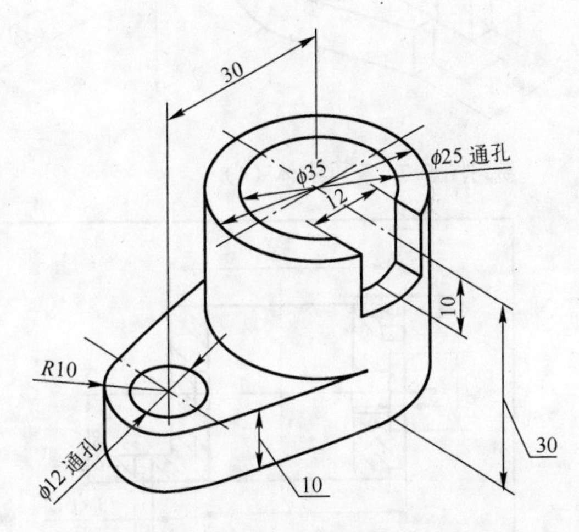

练习图 5-4　三维实体（2）

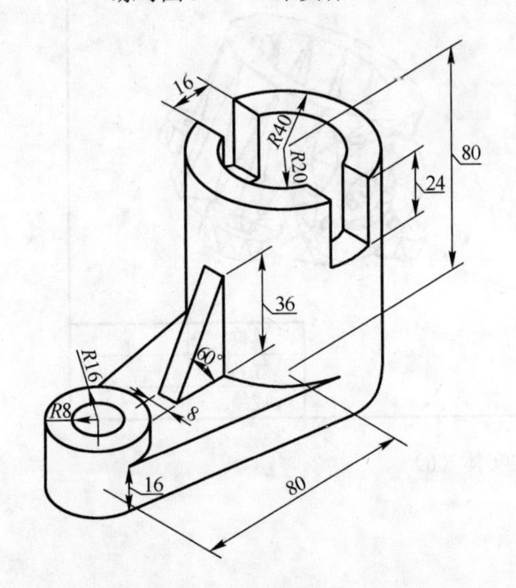

练习图 5-5　三维实体（3）

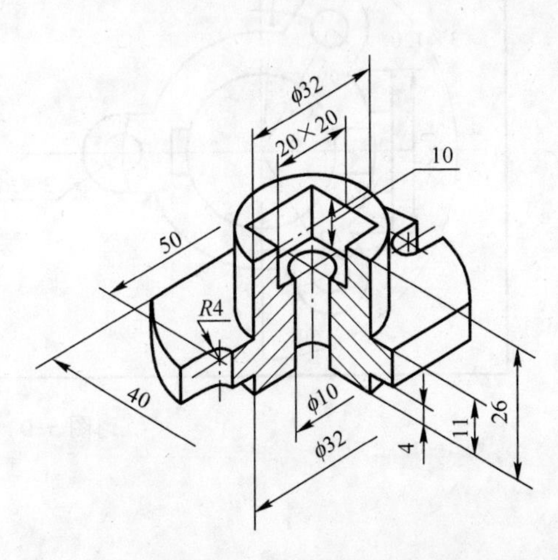

练习图 5-6　三维实体剖面图

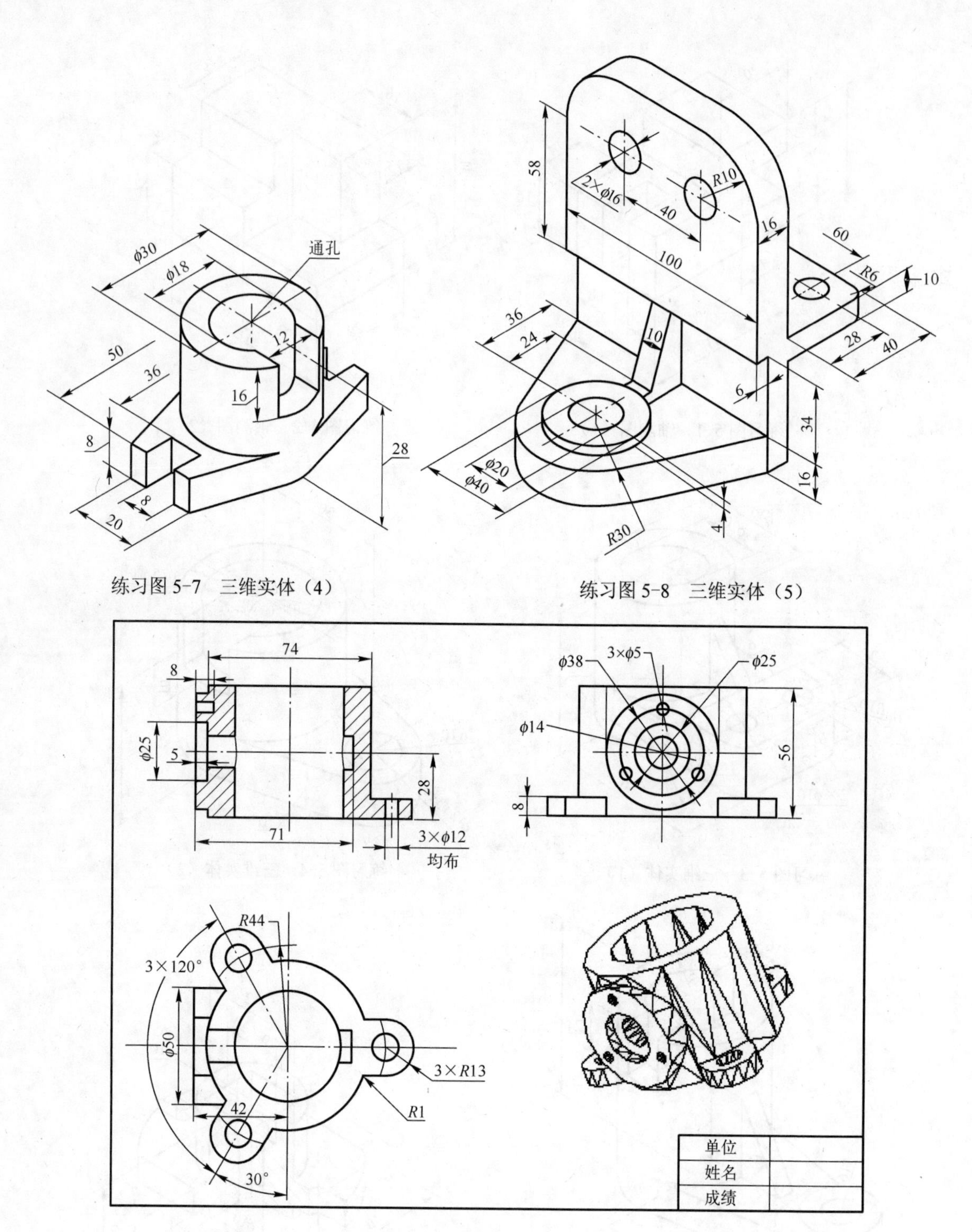

练习图 5-7　三维实体（4）

练习图 5-8　三维实体（5）

练习图 5-9　三维实体（6）

第6章 输出和打印图形

本章重点与难点

- 熟练掌握打印布局的设置、打印预览和图形的输出。
- 掌握图形输出文件类型。

6.1 输出图形

AutoCAD 提供了图形输入与输出接口，不仅可以将其他应用程序中处理好的数据传送给 AutoCAD，以显示其图形，还可以将在 AutoCAD 中绘制好的图形打印出来，或者把它们的信息传送给其他应用程序。

此外，为适应互联网的快速发展，使用户能够快速、有效地共享设计信息，AutoCAD 强化了其 Internet 功能，使其与互联网相关的操作更加方便、高效，可以创建 Web 格式的文件（DWF），以及发布 AutoCAD 图形文件到 Web 页。

1．发布 DWF 文件

现在，国际上通常采用 DWF（Drawing Web Format，图形网络格式）图形文件格式。DWF 文件可在任何装有网络浏览器和“Autodesk WHIP!”插件的计算机中打开、查看和输出。

DWF 文件支持图形文件的实时移动和缩放，并支持控制图层、命名视图和嵌入链接显示效果。DWF 文件是矢量压缩格式的文件，可提高图形文件打开和传输的速度，缩短下载时间。以矢量格式保存的 DWF 文件，完整地保留了打印输出属性和超链接信息，并且在进行局部放大时，基本上能够保持图形的准确性。

AutoCAD 能够输出 DWF 文件，或在外部浏览器中浏览 DWF 文件，如图 6-1 所示。

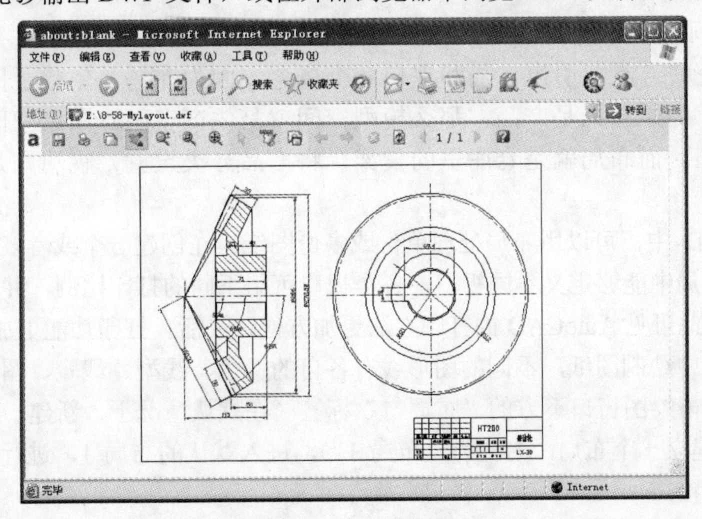

图 6-1 零件图

2．输出 DWF 文件

如果要输出 DWF 文件，必须先创建 DWF 文件，在这之前还应创建 ePlot 配置文件，使用配置文件 ePlot.pc3 可创建带有白色背景和纸张边界的 DWF 文件。

通过 AutoCAD 的 ePlot 功能，可将电子图形文件发布到 Internet 上，所创建的文件以 Web 图形格式（DWF）保存。用户可在安装了 Internet 浏览器和“Autodesk WHIP! 4.0”插件的任何计算机中打开、查看和打印 DWF 文件。DWF 文件支持实时平移和缩放，可控制图层、命名视图和嵌入超链接的显示。

3．在外部浏览器中浏览 DWF 文件

如果在计算机系统中安装了 4.0 或以上版本的 WHIP!插件和浏览器，则可在 Internet Explorer 或 Netscape Communicator 浏览器中查看 DWF 文件。如果 DWF 文件中包含图层和命名视图，还可在浏览器中控制其显示特征。

4．将图形发布到 Web 页

在 AutoCAD 2010 中，选择“文件”→“网上发布”命令，即使用户不熟悉 HTML 代码，也可以方便、迅速地创建格式化 Web 页，该 Web 页包含有 AutoCAD 图形的 DWF、PNG 或 JPEG 等格式图像。一旦创建了 Web 页，就可以将其发布到 Internet。

6.2 打印参数设置

1．模型空间

模型空间是完成绘图和设计工作的工作空间。使用在模型空间中建立的模型可以完成二维或三维物体的造型，并且可以根据需求用多个二维或三维视图来表示物体，同时配有必要的尺寸标注和注释等来完成所需要的全部绘图工作。在模型空间中，用户可以创建多个不重叠的（平铺）视口以展示图形的不同视图。

“模型空间”是用于绘制图纸的，在图纸空间中进行的操作是安排图纸的打印输出。可以说，“图纸空间”是为图纸打印输出“量身定做”的，因为很多打印功能在“模型空间”里面基本上难以实现。

2．图纸空间

说到图纸空间，就要引出布局和视口两个概念，因为布局是依赖于图纸空间的。打个粗浅的比喻，如果图纸是产品，那么模型空间就是生产车间，图纸空间就是仓库，产品将从这里输出。而布局就是仓库里的货架，将产品分类设置，视口则是货架格子，将产品安排整齐。

在 AutoCAD 中，可以用布局处理单份或多份图纸。在创建一个或者多个不同打印布局后，每个打印布局中能够定义不同视口，各个视口可用不同的打印比例，并能控制其可见性及是否打印。由此可见 AutoCAD 的打印方法更加方便、灵活，打印功能更加强大。

在模型空间中绘制图纸，不同的图形线有各自的颜色、线型、线宽、图层等属性。图形绘制完毕后，单击绘图窗口下方的“布局 1”标签（在默认情况下，新建一个图纸文件后，AutoCAD 自动建立一个布局，名称为“布局 1”)，进入默认的布局 1，进行要在图纸空间中打印的一系列设置。

单击“布局 1”标签，（或在“布局 1”上右击，选择“页面设置”命令，弹出“页面设置-布局1”对话框，相关选项介绍如下，如图6-2所示。

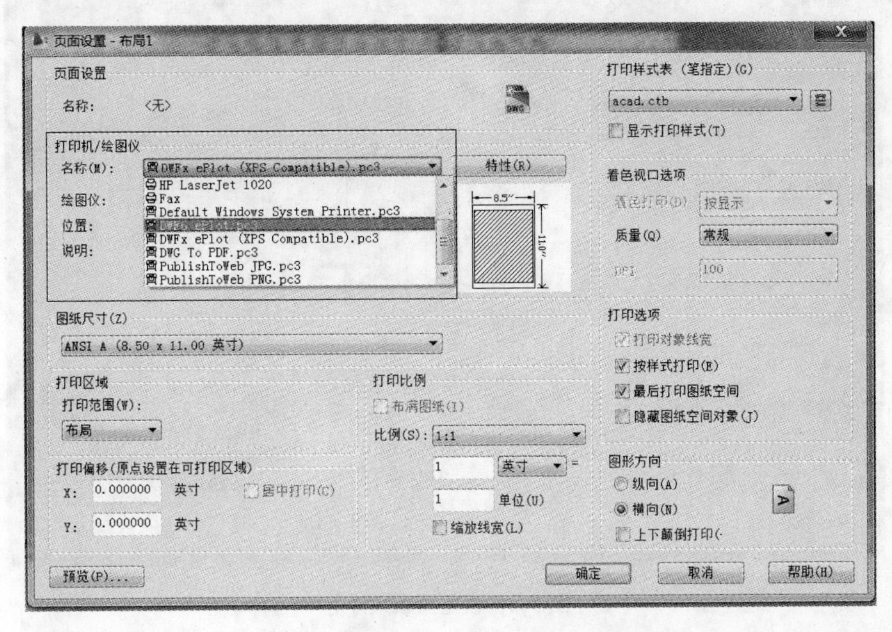

图6-2　打印机选择

（1）打印机/绘图仪：选择系统打印机，可以是本地打印机，也可以是网络打印机。

（2）打印样式表：主要针对使用绘图仪的用户，在这里能够编辑适合自己的绘图参数（图6-3），例如某一号的笔为何颜色，输出的图形线宽、线型等，在此不再赘述。

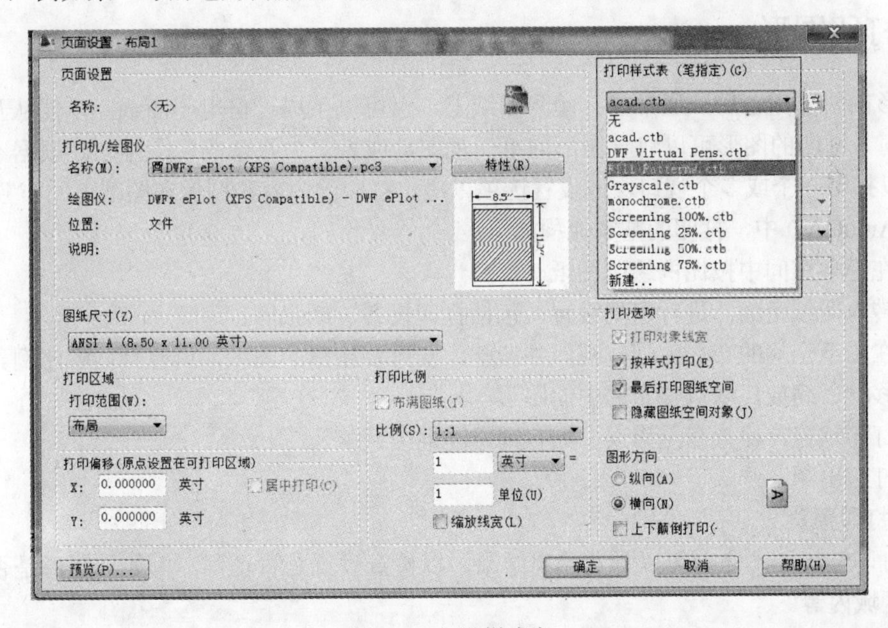

图6-3　打印样式表

（3）图纸尺寸：选择纸张大小，在打印设备确定后，该打印设备支持的纸张类型就会在下拉列表中出现（图6-4）。

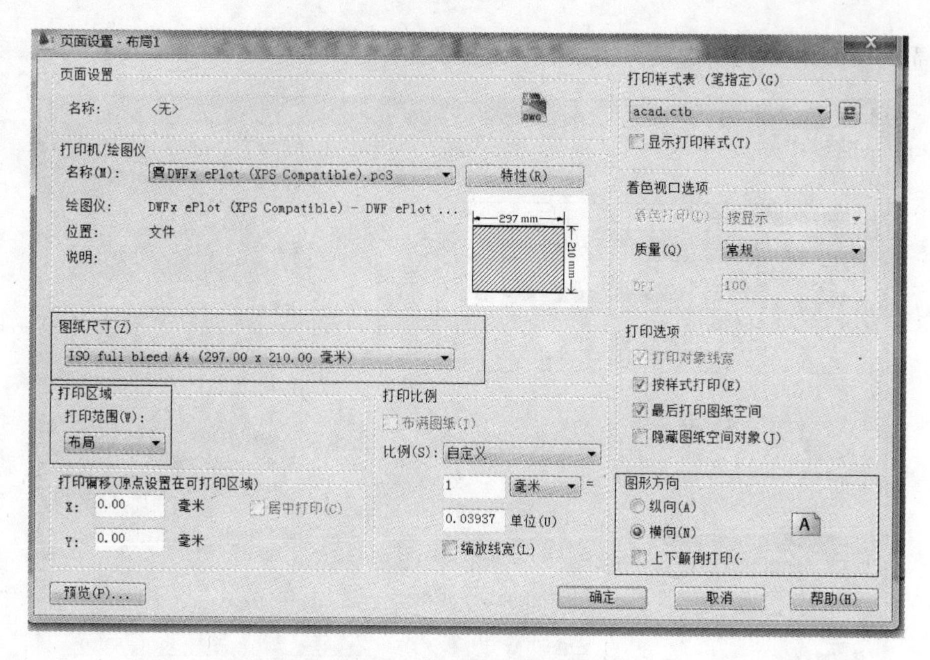

图 6-4　设定图纸尺寸等

另外，图纸单位一般选择毫米。

（4）图形方向：根据实际情况选择横向或者纵向（图 6-4）。

（5）打印区域：该区域用于设定打印范围（图 6-4）。

6.3　打印图形

图形在创建完之后，通常要打印到图纸上，也可以生成一份电子图纸，以便从互联网上进行访问。打印的图形可以包含图形的单一视图，或者更为复杂的视图排列。根据不同的需要，可以打印一个或多个视口，或设置选项以决定打印的内容和图像在图纸上的布置。

在 AutoCAD 中，打印的基本流程如下：

● 在模型空间中按比例绘制图纸。

● 转入图纸空间，进行布局设置，包括打印设备、纸张等。

● 在图纸空间的布局内创建视口并调整，安排要输出的图纸，调整合适的比例。

● 移动、缩放，以调整布局中的图形。

● 打印预览，检查有无错误，如有则返回继续调整。

● 打印出图。

1．打印预览

在打印输出图形之前可以预览输出结果，以检查设置是否正确。例如，图形是否都在有效输出区域内等。

图 6-5 所示的“打印”对话框主要用于设置打印设备及其相关内容。

完成打印设置后，可以单击“打印”对话框中的“预览”和“应用到局部”两个按钮预览打印效果。前者在打印预览中显示要打印的全部图形，后者则用矩形框表示打印图形来显示打印效果。很显然，前者需要较长的生成时间，后者的生成时间较短。

经过打印预览，确认打印设置正确后，单击“打印”对话框中的“确定”按钮，AutoCAD 即可输出图形。

2．输出图形

在 AutoCAD 中，可以使用“打印”对话框打印图形。当在绘图窗口中选择一个布局选项卡后，选择“文件”→“打印”命令打开“打印”对话框，如图 6-5 所示。

图 6-5 “打印”对话框

（1）打印范围说明。

- 布局：打印所创建布局中的图形。
- 范围：所打印图形为绘图界限（Limits 命令）设定的范围。
- 显示：打印当前屏幕显示的图形。即使只显示局部（例如用放缩工具放大时），也只打印屏幕显示的部分。
- 窗口：返回到绘图窗口进行选择，将矩形选择框内的图形打印。

以上打印范围可根据情况灵活使用，但要注意它们的不同之处，还要了解模型空间和图纸空间的区别。

（2）打印比例：缩小的比例从 1:1 到 1:100，放大的比例从 2:1 到 100:1，可以根据需要选择。

对于单位，1mm 相当于模型空间中的 1.689 绘图单位。

若选中“缩放线宽”复选框，则按比例绘制，根据相关绘图标准，各种图线要设定不同线宽。比如可见轮廓线为 0.4mm，在打印时如果改变比例，此选项将决定线的宽度是否随之按比例改变。

（3）打印偏移：设定图形在纸张上 X、Y 方向的偏移量，一般采用默认数值即可。

6.4 小结

本章主要介绍了从模型空间出图的基础知识，并通过实例说明了具体的打印步骤。在打印图形时，学员一般需要进行以下设置：

（1）选择打印设备，包括 Windows 系统打印机及 AutoCAD 内部打印机。

（2）指定图幅大小、图纸单位及图形的放置方向。

（3）设置打印比例。

（4）设置打印范围，学员可指定图形界限、所有图形对象、某一矩形区域或显示窗口等作为输出区域。

（5）调整图形在图纸上的位置，通过修改打印原点可使图形沿 X 轴、Y 轴移动。

（6）预览打印效果。

6.5 章后练习

1．在打印图纸时一般应设置哪些常用打印参数？

2．打印图纸的主要过程是什么？

3．从图纸空间打印图形的主要过程是什么？

4．从模型空间出图时，如何将不同绘图比例的图纸放在一起打印？结合实际练习。

5．如何生成电子图纸？

第二篇 上机实践

上机实践一 简单图形绘制

1. 实践目的与任务

（1）熟悉计算机软件、硬件环境。

（2）了解 AutoCAD 软件系统的基本组成。

（3）掌握 AutoCAD 软件的启动和退出方法。

（4）熟悉 AutoCAD 软件的工作界面及键盘命令、菜单选项、工具按钮等操作方式。

（5）熟悉绝对坐标、相对坐标和极坐标的概念，掌握 3 种坐标的输入方法。

（6）掌握图形文件的创建、打开、保存方法。

（7）掌握基本绘图步骤，使用 LINE（直线）命令绘制简单图形。

2. 实践要求

（1）实践图形界限为 12×9，按图绘制，尺寸自定。

（2）用 LINE 命令绘制图形，在绘制前要计算好每一点的坐标值，绘图时点的坐标值由键盘输入。

（3）绘图时不允许使用 LINE 命令以外的任何命令和目标对象捕捉、自动对象追踪等辅助绘图功能。

（4）尺寸标注略。

（5）将实践图形分别按文件名“ex11.dwg”、“exl2.dwg”、“exl3.dwg”保存。

（6）用 LINE 命令自行设计和绘制一幅简单图形，将实践图形按文件名“exl4.dwg”保存。

3. 实践设备

计算机与 AutoCAD 软件。

4. 实践内容

按要求绘制实践图 1-1 所示的图形。

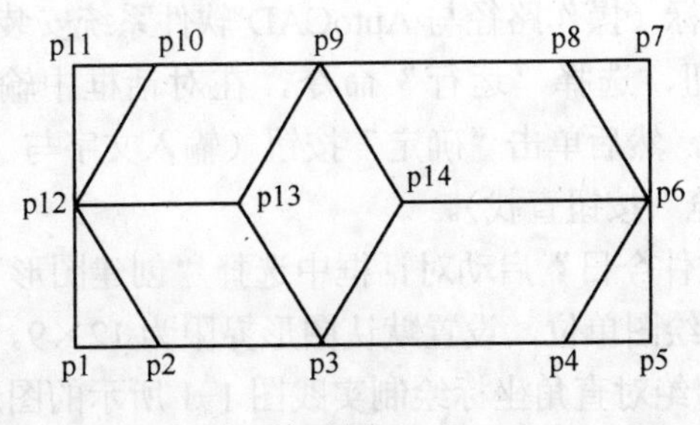

实践图 1-1

5. 实践步骤

（1）根据实践图 1-1 所示，已知当前点 p1 的绝对坐标为（0,0），按绘图时的端点顺序（如实践图 1-1 所示）计算各端点的绝对直角坐标、相对直角坐标、相对极坐标，并将计算结果填入实践表 1-1 中的相应位置，端点顺序为绘图过程中的端点顺序。

实践表 1-1

端点顺序	端点号	绝对直角坐标	相对直角坐标	相对极坐标
1	P1	0,0	0,0	0,0
2	P5			
3	P7			
4	P11			
5	P1			
6	P2			
7	P12			
8	P13			
9	P3			
10	P14			
11	P9			
12	P13			
13	P12			
14	P10			
15	P8			
16	P6			
17	P14			
18	P6			
19	P4			

（2）启动 AutoCAD 软件（分别使用 4 种方法之一启动）：

1）双击屏幕上的“AutoCAD 软件”图标。

2）单击“开始”按钮，选择“程序”→“AutoCAD 软件”→“AutoCAD 软件”命令。

3）单击“我的电脑”→“C”盘→“Program Files”文件夹→“AutoCAD 软件”文件夹→“acad.exe”程序文件图标（操作路径与 AutoCAD 软件系统安装的路径有关）。

4）单击“开始”按钮，选择“运行”命令，在对话框中输入“C:\Program Files\AutoCAD 软件\acad.exe”，然后单击“确定”按钮（输入文字与 AutoCAD 软件系统安装的路径有关，也可单击“浏览”按钮查找）。

（3）在“AutoCAD 软件今日”启动对话框中选择“创建图形”标签、“默认设置”创建方式和“英制（English）”绘图单位，设置默认图形界限为 12×9。

（4）用 LINE 命令按照绝对直角坐标绘制实践图 1-1 所示的图形，不要求标注尺寸。

（5）选择“文件（File）”→“另存为（Save as）”命令，弹出对话框，根据提示按文件名“exll.dwg”保存于 D 盘中。

（6）选择“文件（File）”→“新建（New）”命令，同法创建新图形，用 LINE 命令按照相对直角坐标重新绘制实践图 1-1 所示的图形，按文件名“exl2.dwg”保存于 D 盘中。

（7）选择“文件（File）”→“新建（New）”命令，同法创建新图形，用 LINE 命令按照相对极坐标重新绘制实践图 1-1 所示的图形，按文件名“exl3.dwg”保存于 D 盘中。

（8）用 LINE 命令绘制一幅自行设计的图形，并按文件名“exl4.dwg”保存于 D 盘中。

6. 注意事项

看懂图形形状，按操作步骤绘图。

上机实践二　二维图形绘制（一）

1. 实践目的与任务

（1）熟练掌握二维图形（直线、圆、圆弧、椭圆、矩形、射线、构造线等图形对象）的绘制方法。

（2）熟悉键盘命令、菜单选项、工具按钮的使用。

（3）掌握图形文件的创建、打开、保存功能。

（4）熟悉键盘、鼠标的数据输入方法。

2. 实践要求

（1）实践图形界限为 120×90，按图绘制，尺寸自定。

（2）绘图时只允许使用二维绘图命令，不允许使用任何编辑命令和辅助绘图功能。

（3）尺寸标注略。

（4）将实践图形 2-1 按文件名“ex21.dwg”保存。

（5）将实践图形 2-2 按文件名“ex22.dwg”保存。

实践图 2-1

实践图 2-2

3. 实践设备

计算机与 AutoCAD 软件。

4. 实践内容

绘制实践图 2-1、实践图 2-2 所示的图形。

5. 实践步骤

（1）启动 AutoCAD 软件系统，进入 AutoCAD 软件绘图界面

（2）在软件界面右下角单击“切换工作空间”→“AutoCAD 经典”界面，单击“格式”→“单位”，设置单位为毫米，再单击“格式”→“图形界限”，设置图形界限为 120×90。

（3）用 LINE 命令绘制矩形和平行四边形。

命令：LINE↙
指定第一点：2,2↙
指定下一点或[放弃(U)]：@8,0↙

指定下一点或[闭合(C) / 放弃(U))：@0,6↙
指定下一点或[闭合(C) / 放弃(U)]：@-8,0↙
指定下一点或[闭合(C) / 放弃(U)]：C↙
　　命令：↙
指定第一点：@4，0↙
指定下一点或[放弃(U)]：@-4,-3↙
指定下一点或[闭合(C) / 放弃(U)]：@4,-3↙
指定下一点或[闭合(C) / 放弃(U)]：@4,3↙
指定下一点或[闭合(C) / 放弃(U)]：C↙

（4）用 RAY 和 XLINE 命令绘制 4 条射线、一条水平构造线和一条垂直构造线。

　　命令：XLINE↙
指定点或[水平(H) / 垂直(V) / 角度(A) / Z 等分(B) / 偏移(O)]：H↙
指定通过点：6,5↙
指定通过点：↙
　　命令：↙
指定点或[水平(H) / 垂直(V) / 角度(A) / 二等分(B) / 偏移(O)]：V↙
指定通过点：6,5↙
指定通过点：↙
　　命令：RAY↙
指定起点：6,5↙
指定通过点：10,2↙
指定通过点：10,8↙
指定通过点：2,8↙
指定通过点：2,2↙
指定通过点：↙

（5）用 CIRCLE 命令绘制位于中心的一个圆和 4 个角的 12 个圆。
　　命令：CIRCLE↙
指定圆的圆心或[三点(3P) / 两点(2P) / 相切、相切、半径(T)]：6，5↙
指定圆的半径或[直径(D)]：1↙
　　命令：↙
指定圆的圆心或[三点(3P) / 两点(2P) / 相切、相切、半径(T)]：T↙
指定对象与圆的第一个切点：(选择矩形底边线)
指定对象与圆的第二个切点：(选择矩形左边线)
指定圆的半径<1.0000>：0.5↙
　　命令：↙
指定圆的圆心或[三点(3P) / 两点(2P) / 相切、相切、半径(T)]：T↙
指定对象与圆的第一个切点：(选择矩形底边线)
指定对象与圆的第二个切点：(选择矩形左下角圆)
指定圆的半径<1.0000>：0.25↙

同法绘制其余圆。

（6）用 ELUPSE 和 ARC 命令绘制一个椭圆和 4 个圆弧，如实践图 2-1 所示。

　　命令：ELLIPSE↙
指定椭圆的轴端点或[圆弧(A) / 中心点(C)]：2,5↙

指定轴的另一个端点：10,5↙

指定另一条半轴长度或[旋转(R)]：3↙

命令：ARC↙

指定圆弧的起点或[圆心(C)]：10,5↙

指定圆弧的第二个点或[圆心(C) / 端点(E)]：E↙

指定圆弧的端点：2,5↙

指定圆弧的圆心或[角度(A) / 方向(D) / 半径(R)]：R↙

指定圆弧的半径：6↙

同法绘制其余 3 个圆弧。

（7）选择“文件（File）”→“另存为（Save as）”命令，弹出对话框，按文件名“ex21．dwg”保存。

（8）用类似方法绘制实践图 2-2 所示的图形，并将图形按文件名“ex22.dwg”保存。

6. 注意事项

看懂图形形状，按操作步骤绘图。

上机实践三 二维图形绘制（二）

1. 实践目的与任务

（1）熟练掌握二维图形（等分点、测量点、二维多义线、矩形、等边多边形、椭圆、圆环、填充圆和轨迹线）的绘制方法和区域填充命令的使用。

（2）熟悉键盘命令、菜单选项、工具按钮的使用。

（3）掌握图形文件的创建、打开、保存功能。

（4）熟悉键盘、鼠标的数据输入方法。

2. 实践要求

（1）实践图 3-1 所示图形的图形界限为 120×90，绘图尺寸自定。

（2）实践图 3-2 所示图形的图形界限为 124×90，绘图尺寸自定。

（3）在绘图时只允许使用二维绘图命令，不允许使用任何编辑命令和辅助绘图功能。

（4）尺寸标注略。

（5）将实践图形 3-1 按文件名“ex31.dwg”保存。

（6）将实践图形 3-2 按文件名“ex32.dwg”保存。

3. 实践设备

计算机与 AutoCAD 软件。

4. 实践内容

绘制实践图 3-1、实践图 3-2 所示的图形。

实践图 3-1

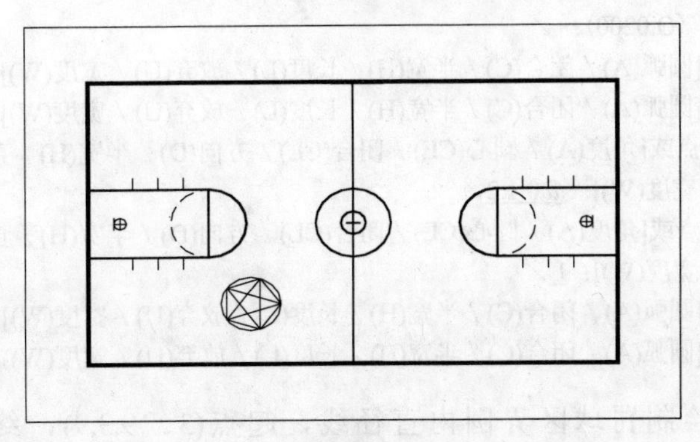

实践图 3-2

5. 实践步骤

实践图 3-1 绘制步骤：

（1）启动 AutoCAD 软件系统，进入 AutoCAD 软件绘图界面。

（2）在软件界面右下角单击“切换工作空间”→“AutoCAD 经典”界面，单击“格式”→“单位”，设置单位为毫米，在单击“格式”→“图形界限”，设置图形界限为 120×90。

（3）使用多段线命令绘制实践图 3-1 所示的图形，并以文件名“ex31.dwg”保存于磁盘中。

实践图 3-2 绘制步骤：

（1）在软件界面右下角单击“切换工作空间”→“AutoCAD 经典”界面，单击“格式”→“单位”，设置单位为毫米，在单击“格式”→“图形界限”，设置图形界限为 124×90。

（2）用 RECTANG 命令绘制矩形外框，左下角为(1,1)，右上角为(11.4,8)。

（3）用 PLINE 命令绘制球场边界，其宽度为 0.05，多段线中心与矩形外框相距为 1。

命令：PLINE↙
指定起点：2,2↙
当前线宽为 1.0000
指定下一个点或[圆弧(A) / 半宽(H) / 长度(1) / 放弃(U) / 宽度(W)]：W↙
指定起点宽度〈1.0000〉：0.05↙
指定端点宽度〈0.0500〉：↙
指定下一点或[圆弧(A) / 闭合(C) / 半宽(H) / 长度(L) / 放弃(U) / 宽度(W)]：@8.4,0↙
指定下一点或[圆弧(A) / 闭合(C) / 半宽(H) / 长度(L) / 放弃(U) / 宽度(W)]：@0,5↙
指定下一点或[圆弧(A) / 闭合(C) / 半宽(H) / 长度(L) / 放弃(U) / 宽度(W)]：@-8.4,0↙
指定下一点或[圆弧(A) / 闭合(C) / 半宽(H) / 长度(L) / 放弃(U) / 宽度(W)]：C↙

（4）用 LINE 命令绘制中线，起点(6.2,2)，终点(6.2,7)。

（5）用 CIRCLE 命令绘制中场两个圆，圆心(6.2,4.5)，半径为 0.2 和 0.6。

（6）用 PLINE 命令绘制罚球区界，其宽度为 0.02。

命令：PLINE↙
指定起点：2,3.9↙
当前线宽为 1.0
指定下一个点或[圆弧(A) / 半宽(H) / 长度(L) / 放弃(U) / 宽度(W)]：W↙
指定起点宽度〈1.0000〉：0.02↙
指定端点宽度〈O.0200〉：↙
指定下一点或[圆弧(A) / 闭合(C) / 半宽(H) / 长度(L) / 放弃(U) / 宽度(W)]：@1.9,0↙
指定下一点或[圆弧(A) / 闭合(C) / 半宽(H) / 长度(L) / 放弃(U) / 宽度(W)]：A↙
指定圆弧的端点或[角度(A) / 圆心(CE) / 闭合(CL) / 方向(D) / 半宽(H) / 直线(L) / 半径(R) / 第二个点(S) / 放弃(U) / 宽度(W)]：@0,1.2↙
指定圆弧的端点或[角度(A) / 圆心(CE) / 闭合(CL) / 方向(D) / 半宽(H) / 直线(L) / 半径(R) / 第二个点(S) / 放弃(U) / 宽度(W)]：L↙
指定下一点或[圆弧(A) / 闭合(C) / 半宽(H) / 长度(L) / 放弃(U) / 宽度(W)]：@-1.9,0↙
指定下一点或[圆弧(A) / 闭合(C) / 半宽(H) / 长度(L) / 放弃(U) / 宽度(W)]：↙

用 LINE 命令绘制罚球区界圆内直径线，起点(3．9,3.9)，终点(@0,1.2)；装入 DASHED2 线型，用 ARC 命令绘制罚球区界虚线半圆；用 LINE 命令绘制罚球区界上的 6 个小短线；用 CIRCLE 和 LINE 命令绘制罚球区内表示篮球架的小圆和十字。

同法绘制右侧罚球区界。

（7）用 LINE、DIVIDE、DDPTYPE 等命令绘制替补球员的位置（在球场边界和矩形外框之间）。

（8）球员可用填充圆环（10 个）在任意位置标出。

（9）篮球可用一个圆加上一个内接五边形绘出。

（10）表示篮球飞行方向的箭头用多段线绘制。

（11）将实践图 3-2 按文件名“ex32.dwg”保存。

6. 注意事项

看懂图形形状，按操作步骤绘图。

上机实践四　绘图环境、图层管理与对象捕捉

1. 实践目的与任务

（1）熟练掌握绘图环境（图形单位、图形界限、对象颜色、对象线型和对象线宽）的设置方法。

（2）熟练掌握辅助绘图工具（栅格显示、网格捕捉、正交模式、对象捕捉和自动追踪）。

（3）理解图层概念，熟练掌握图层管理功能。

（4）熟练掌握图层的应用。

2. 实践要求

（1）实践图 4-1 所示图形的图形界限为 120×120，绘图尺寸自定，中心坐标为（0,0）。

（2）实践图 4-2 所示图形的图形界限为 297×210，绘图尺寸自定。

（3）实践图 4-2 所示图形的主视图左下角坐标为（40,120）。

（4）实践图 4-2 所示图形的图层规定如实践表 4-2 所示。

实践表 4-2

图层	颜色	线型	线宽	绘图内容
0	白色	Continous	0.30mm	图形实线对象
L1	红色	Dashdot	0.09mm	中心线对象（直线）
L2	黄色	Dot	0.15mm	虚线对象（构造线）

（5）绘图时可使用合适的绘图工具（栅格、网格、正交、对象捕捉和自动追踪）。

（6）绘图时可使用二维绘图命令，不允许使用任何编辑命令。

（7）尺寸标注略。

（8）将实践图 4-1 按文件名“ex41.dwg”保存。

实践图 4-1

（9）将实践图 4-2 按文件名“ex42.dwg”保存。

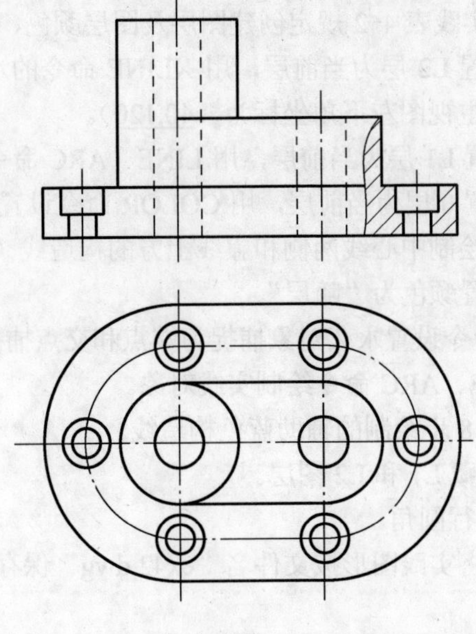

实践图 4-2

3. 实践设备

计算机与 AutoCAD 软件。

4. 实践内容

按要求绘制实践图 4-1、实践 4-2 所示的图形。

5. 实践步骤

实践图 4-1 绘制步骤：

（1）启动 AutoCAD 软件系统，进入 AutoCAD 软件绘图界面。

（2）用 UNITS 命令设置图形长度单位为“小数制”，精度为整数。

（3）用 LIMITS 命令设置图界，左下角坐标为（-5,-5），右上角坐标为（5,5）。

（4）用 GRID 命令设置栅格 X 和 Y 轴间距为 1，并打开栅格显示。

（5）用 SNAP 命令设置网格捕捉 X 和 Y 轴间距为 1，并打开网格捕捉。

（6）用 DSETTINGS 命令设置端点和中点永久对象捕捉，并打开永久对象捕捉。

（7）用 LINE 或 RECTANG 命令绘制边长为 4 和 8 的内外正方形，然后用 LINE 命令通过端点和中点捕捉绘制两个菱形和若干直线段。

（8）用 CIRCLE 命令及其相切方法绘制实践图 4-1 中的 8 个圆。

（9）用 LINE 命令及圆心捕捉绘制八边形（圆心连线）。

（10）用 ARC 命令及端点捕捉绘制中间的 4 个圆弧。

（11）用 SAVE AS 命令将实践图形按文件名“ex41.dwg”保存。

实践图 4-2 绘制步骤：

（1）用 NEW 命令创建新图形。

（2）用 UNITS 命令设置图形长度单位为“小数制”，精度为整数。

（3）用 LIMITS 命令设置图界，左下角坐标为（0,0），右上角坐标为（297,210）。

（4）用 ZOOM 命令和“全部”选项设置最大绘图区域。

（5）用 LAYER 命令按实践表 4-2 规定创建图层及图层颜色、线型和线宽。

（6）用 LAYER 命令设置 L2 层为当前层，用 XLINE 命令的水平、垂直、偏移功能绘制实践图 4-2 中的虚线对象，主视图左下角坐标为（40,120）。

（7）用 LAYER 命令设置 L1 层为当前层，用 LINE、ARC 命令绘制中心线。

（8）用 LAYER 命令设置 0 层为当前层，用 COLOR 命令设置颜色为蓝色，用 XLINE 命令的偏移功能根据标注尺寸绘制中心线两侧和虚线上方的构造线（实线对象）。

（9）用 COLOR 命令设置颜色为“随层”。

（10）用 DSETTINGS 命令设置永久对象捕捉为端点和交点捕捉，并打开对象捕捉。

（11）用 LINE、CIRCLE、ARC 命令绘制实线对象。

（12）用 ERASE 删除第 8 步绘制的辅助蓝色构造线。

（13）用 LAYER 命令隐藏 L1 和 L2 图层。

（14）用 FILLET 命令进行圆角。

（15）用 SAVE AS 命令将实践图形按文件名“ex42.dwg”保存。

6. 注意事项

看懂图形形状，按操作步骤绘图。

上机实践五 二维图形编辑（一）

1. 实践目的与任务

（1）理解选择集的概念，熟练掌握各种对象选择方式。

（2）熟练掌握二维图形编辑（ERASE、COPY、MIRROR、OFFSET、ARRAY、MOVE、LENGTH、TRIM、EXTEND、BREAK 等）命令的使用。

（3）熟练掌握绘图环境的设置（图形单位、图形范围、对象颜色、对象线型和对象线宽）。

（4）熟练掌握辅助绘图工具的使用（栅格显示、网格捕捉、正交模式、对象捕捉和自动追踪）。

2. 实践要求

（1）将实践图 5-1～5-4 所示的图形分别绘制在不同文件中，4 个图形文件的图形界限均相同，为 120×90，绘图尺寸自定，但要与原图相似。

（2）绘图时可设置合适的绘图环境（单位、图界、颜色、线型和线宽）。

（3）绘图时可使用合适的绘图工具（栅格、网格、正交、对象捕捉和自动追踪）。

（4）使用绘图、编辑、辅助绘图命令绘制图形。

（5）尺寸标注略。

（6）将实践图 5-1～5-4 所示的图形分别按文件名“ex5l.dwg”、“ex52.dwg”、“ex53.dwg”、“ex54.dwg”保存。

3. 实践设备

计算机与 AutoCAD 软件。

4. 实践内容

绘制实践图 5-1～5-4 所示的图形。

5. 实践步骤

实践图 5-1 绘制步骤：

（1）启动 AutoCAD 软件系统，进入 AutoCAD 软件绘图界面。

（2）用 LIMITS 命令设置图形界限为 120×90。

（3）用 ZOOM 命令及“全部”选项设置最大绘图区域。

（4）用 LINE 命令、正交方式和 45°极轴追踪方式绘制实践图 5-1 所示的基本图形（三角旗）。

（5）用 COPY、MOVE、MIRROR、ROTATE 和 ALIGN 命令及对象捕捉绘制其余图形。

（6）将实践图形按文件名“ex51.dws”保存。

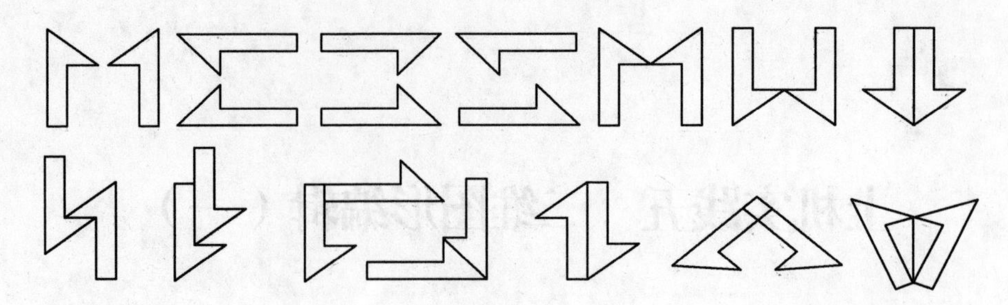

实践图 5-1

实践图 5-2 绘制步骤：

（1）用 NEW 命令创建新图形文件，用 LIMITS 命令设置图形界限为 120×90。

（2）用 ZOOM 命令及“全部”选项设置最大绘图区域。

（3）用 LINE 命令、网格捕捉和正交方式绘制辅助线。

（4）用 CIRCLE 和 LINE 命令以及对象捕捉功能绘制。

（5）用 TRIM 命令修剪圆。

（6）用 ERASE 命令删除辅助线，生成实践图 5-2 所示的图形（残疾人标志）。

（7）将图形按文件名“ex52.dwg”保存。

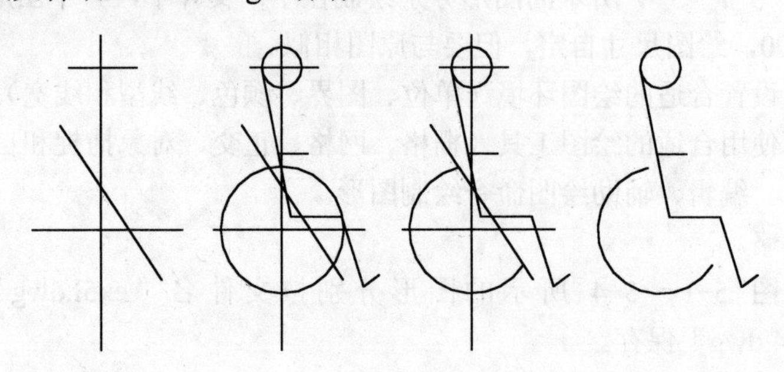

实践图 5-2

实践图 5-3 绘制步骤：

（1）用 NEW 命令创建新图形文件，并设置图形界限为 120×90。

（2）用 ZOOM 命令及“全部”选项设置最大绘图区域。

（3）用 CIRCLE 和 LINE 命令以及对象捕捉功能绘制图 5-3 所示的图形。

（4）用 MIRROR 命令镜像短斜线，镜像轴线倾角 45°，生成实践图 5-3 所示的图形。

实践图 5-3

（5）用 TRIM 命令修剪图形，生成实践图 5-3 所示的图形。

（6）用 OFFSET 命令偏移短斜线，生成实践图 5-3 所示的图形。

（7）用 EXTEND 和 TRIM 命令编辑修改短斜线，生成实践图 5-3 所示的图形。

（8）用 ARRAY 命令对短斜线进行环形阵列，个数为 8，生成实践图 5-3 所示的图形。

（9）用 ERASE 命令删除十字线，生成实践图 5-3 所示的图形。

（10）用 TRIM 命令进行修剪，生成实践图 5-3 所示的图形。

（11）将实践图形按文件名“ex53.dwg”保存。

实践图 5-4 绘制步骤：

（1）用 NEW 命令创建新图形文件，并设置图形界限为 120×90。

（2）用 ZOOM 命令及“全部”选项设置最大绘图区域。

（3）用 RECTANG 命令绘制小正方形，如实践图 5-4 所示。

（4）用 LINE 和 CIRCLE 命令以及对象捕捉功能绘制十字线和圆，如实践图 5-4 所示。

（5）用 CIRCLE 和 OFFSET 命令以及对象捕捉功能绘制圆环，如实践图 5-4 所示。

（6）用 ARRAY 命令对图环进行环形阵列，阵列个数为 4，生成实践图 5-4 所示的图形。

（7）用 TRIM 命令进行修剪，生成实践图 5-4 所示的图形。

（8）用 ERASE 命令删除十字线，生成实践图 5-4 所示的图形。

（9）用 ARRAY 命令以单元格方式进行矩形阵列，生成实践图 5-4 所示的图形。

（10）用 ERASE 命令删除十字线，生成实践图 5-4 所示的图形。

（11）将实践图形按文件名“ex54.dwg”保存。

实践图 5-4

6. 注意事项

看懂图形形状，按操作步骤绘图。

上机实践六　二维图形编辑（二）

1. 实践目的与任务

（1）进一步掌握各种对象选择方式。

（2）熟练掌握所有二维图形编辑命令的使用。

（3）熟练掌握绘图环境的设置（图形单位、图形范围、对象颜色、对象线型和对象线宽）。

（4）熟练掌握辅助绘图工具的使用（栅格显示、网格捕捉、正交模式、对象捕捉和自动追踪）。

（5）熟练掌握对象特性管理器、特性匹配、夹点编辑和剪切板功能。

2. 实践要求

（1）将实践图 6-1～6-4 所示的图形分别绘制在不同文件中，4 个图形文件的图形界限均相同，为 240×180，绘图尺寸自定，但要与原图相似。

（2）绘图时可设置合适的绘图环境（单位、图界、颜色、线型和线宽）。

（3）绘图时可使用合适的绘图工具（栅格、网格、正交、对象捕捉和自动追踪）。

（4）使用绘图、编辑、辅助绘图命令绘制图形。

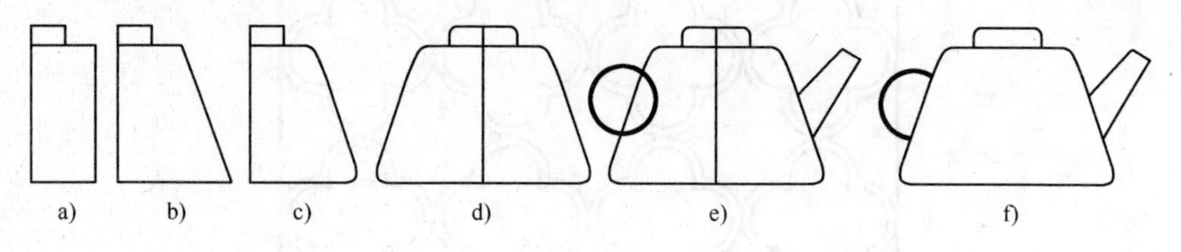

实践图 6-1

（5）尺寸标注略。

（6）将实践图 6-1～6-4 所示的图形分别按文件名“ex61.dwg”、“ex62.dwg”、“ex63.dwg”、“ex64.dwg”保存。

3. 实践设备

计算机与 AutoCAD 软件。

4. 实践内容

绘制实践图 6-1～6-4 所示的图形。

5. 实践步骤

实践图 6-1 绘制步骤：

（1）启动 AutoCAD 软件系统，进入 AutoCAD 软件绘图界面。

（2）用 LIMITS 命令设置图形界限为 240×180。

（3）用 ZOOM 命令及“全部”选项设置最大绘图区域。

（4）用 RECTANG 命令、正交方式和对象捕捉功能绘制实践图 6-1a 所示的图形。

（5）用 STRETCH 命令拉伸矩形右下角，生成实践图 6-1b 所示的图形。

（6）用 FILLET 命令进行圆角处理，生成实践图 6-1c 所示的图形。

（7）用 MIRROR 命令进行镜像处理，生成实践图 6-1d 所示的图形。

（8）用 DONUT 命令绘制圆环，用 LINE 命令绘制壶嘴，生成实践图 6-1e 所示的图形。

（9）用 TRIM 命令修剪圆环，用 ERASE 命令去掉中间线段，生成实践图 6-1f 所示的图形。

（10）将实践图形按文件名“ex61.dwg”保存。

实践图 6-2 绘制步骤：

（1）用 NEW 命令创建新图形文件，用 LIMITS 命令设置图形界限为 240×180。

（2）用 ZOOM 命令及“全部”选项设置最大绘图区域。

（3）用 CIRCLE 和 LINE 命令及正交方式绘制实践图 6-2a 所示的图形。

（4）用 TRIM 命令修剪图形，生成实践图 6-2b 所示的图形。

（5）用 RAY 命令和对象捕捉功能绘制射线，生成实践图 6-2c 所示的图形。

（6）用 TRIM 命令修剪图形，生成实践图 6-2d 所示的图形。

（7）用 MIRROR 命令进行镜像处理，生成实践图 6-2e 所示的图形。

（8）用 ARRAY 命令进行环形阵列，阵列个数为 8，生成实践图 6-2f 所示的图形。

（9）用 ERASE 命令删除辅助线，生成实践图 6-2g 所示的图形。

（10）将实践图形按文件名“ex62.dwg”保存。

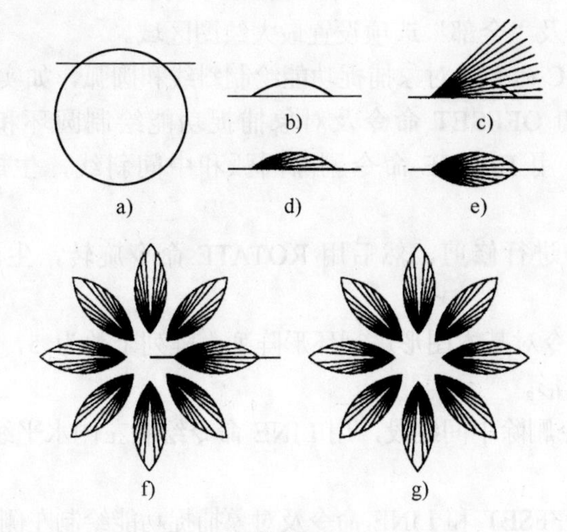

实践图 6-2

实践图 6-3 绘制步骤：

（1）用 NEW 命令创建新图形文件，并设置图形界限为 240×180。

（2）用 ZOOM 命令及“全部”选项设置最大绘图区域。

（3）用 LINE 命令绘制夹角为 6° 的两条直线段，如实践图 6-3a 所示。

（4）用 CIRCLE 命令绘制与斜线相切的圆，生成实践图 6-3b 所示的图形。

（5）用 TRIM 命令修剪图形，生成实践图 6-3c 所示的图形。

（6）用 MIRROR 命令镜像圆弧，生成实践图 6-3d 所示的图形。

（7）用 LINE 命令绘制若干小短线，生成实践图 6-3e 所示的图形。

（8）用 ERASE 命令删除斜线，生成实践图 6-3f 所示的图形。

（9）用 ARRAY 命令对短线和圆弧进行环形阵列，个数为 30，生成实践图 6-3g 所示的图形。

（10）将实践图形按文件名“ex63.dwg”保存。

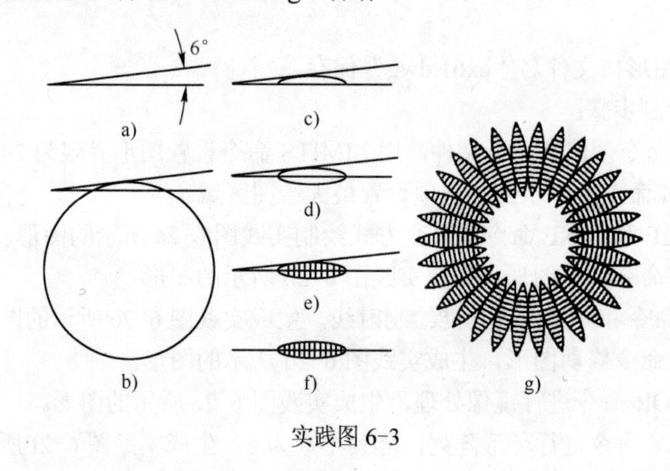

实践图 6-3

实践图 6-4 绘制步骤：

（1）用 NEW 命令创建新图形文件，并设置图形界限为 240×180。

（2）用 ZOOM 命令及“全部”选项设置最大绘图区域。

（3）用 LINE 和 ARC 命令及对象捕捉功能绘制斜线和圆弧，如实践图 6-4a 所示。

（4）用 CIRCLE 和 OFFSET 命令及对象捕捉功能绘制圆环和偏移斜线，圆心为圆弧与中间斜线的交点，用 ERASE 命令删除圆弧和中间斜线，生成实践图 6-4b 所示的图形。

（5）用 TRIM 命令进行修剪，然后用 ROTATE 命令旋转，生成实践图 6-4c 所示的图形。

（6）用 ARRAY 命令对基本图形进行环形阵列，阵列个数为 5，阵列角度为 180°，生成实践图 6-4d 所示的图形。

（7）用 ERASE 命令删除中间线段，用 LINE 命令绘制左侧水平线，生成实践图 6-4e 所示的图形。

（8）用 CIRCLE、OFFSET 和 LINE 命令及对象捕捉功能绘制左侧图形，生成实践图 6-4f 所示的图形。

（9）用 ERASE 命令删除线段，生成实践图 6-4g 所示的图形。

（10）用 LINE 和 ELLIPSE 命令绘制有关图形部分，生成实践图 6-4h 所示的图形。

（11）用 TRIM 命令进行修剪，生成实践图 6-4i 所示的图形。

（12）将实践图形按文件名“ex64.dwg”保存。

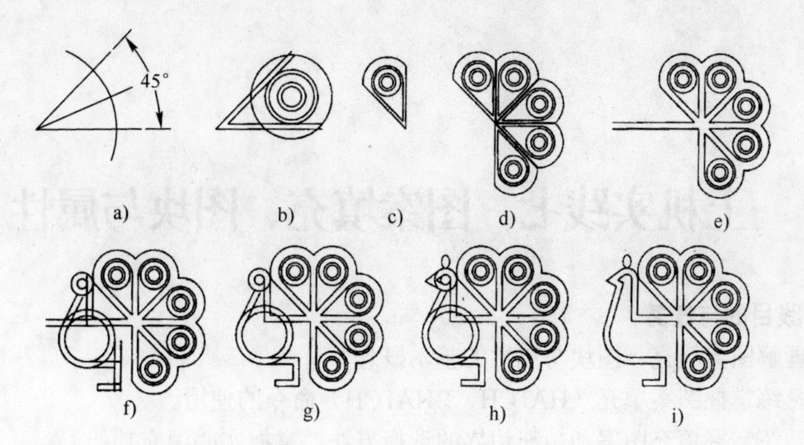

实践图 6-4

6. 注意事项

看懂图形形状，按操作步骤绘图。

上机实践七　图案填充、图块与属性

1. 实践目的与任务

（1）理解图案填充、图块与属性的基本概念。

（2）熟练掌握图案填充（HATCH、BHATCH）命令的使用。

（3）熟练掌握填充图案和填充边界的选择方法，掌握实心填充功能。

（4）熟练掌握 BLOCK、WBLOCK、INSERT、MINSERT、ATTDEF 和 ATTEDIT 等命令的使用。

（5）熟悉块属性管理器和属性提取功能。

（6）熟练掌握如何用 DIVIDE 和 MEASURE 命令进行图块标记。

（7）熟练掌握所有二维图形编辑命令的使用。

2. 实践要求

（1）将实践图 7-1～7-4 所示的图形分别绘制在不同文件中，4 个图形文件的图形界限均相同，为 297×210，绘图尺寸自定，但要与原图相似。

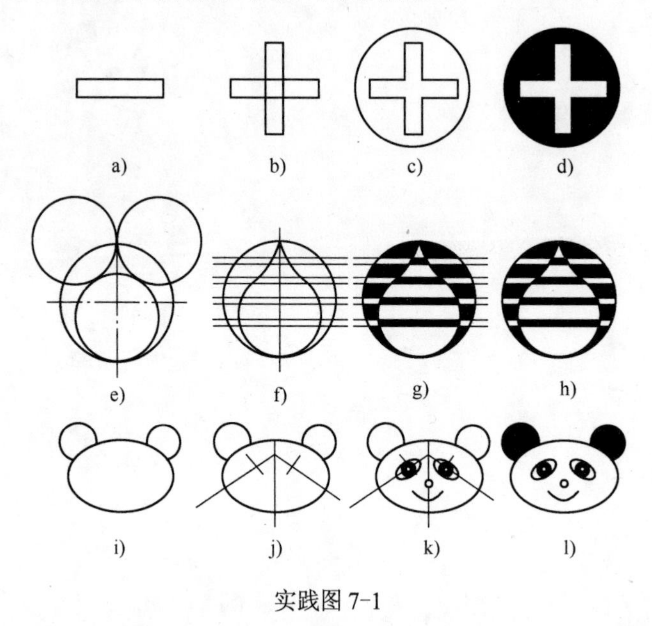

实践图 7-1

（2）绘图时可设置合适的绘图环境（单位、图界、图层、颜色、线型和线宽）。

（3）绘图时可使用合适的绘图工具（栅格、网格、正交、对象捕捉和自动追踪）。

（4）使用绘图、编辑、辅助绘图命令绘制图形。

（5）尺寸标注略。

（6）将实践图 7-1～7-4 所示的图形分别按文件名“ex71.dwg”、“ex72.dwg”、

“ex73.dwg”、“ex74.dwg”保存。

3. 实践设备

计算机与 AutoCAD 软件。

4. 实践内容

绘制实践图 7-1～7-4 所示的图形。

5. 实践步骤

实践图 7-1 绘制步骤：

（1）启动 AutoCAD 软件，进入 AutoCAD 软件绘图界面。

（2）用 LIMITS 命令设置图形界限为 297×210。

（3）用 ZOOM 命令及“全部”选项设置最大绘图区域。

（4）用 RECTANG 命令在图界区域左侧绘制实践图 7-1a 所示的任意矩形。

（5）用 MIRROR 命令按捕捉和追踪功能对矩形进行镜像，生成实践图 7-1b 所示的图形。

（6）用 CIRCLE 命令按捕捉和追踪功能绘制圆，用 TRIM 命令修剪图形，生成实践图 7-1c 所示的图形。

（7）用 HATCH 或 BHATCH 命令进行红色实心填充，生成实践图 7-1d 所示的图形。

（8）用 LINE 和 CIRCLE 命令在实践图 7-1d 所示图形的右侧绘制实践图 7-1e 所示的图形。

（9）用 TRIM 命令修剪图形，用 LINE 和 OFFSET 命令绘制水平直线，生成实践图 7-1f 所示的图形。

（10）用 HATCH 或 BHATCH 命令进行红色实心填充，生成实践图 7-1g 所示的图形。

（11）用 ERASE 命令删除水平直线，生成实践图 7-1h 所示的图形。

（12）用 ELLIPSE 和 ARC 命令在图 7-23h 所示图形的右侧绘制实践图 7-1i 所示的图形。

（13）用 LINE 命令绘制辅助直线，生成实践图 7-1j 所示的图形。

（14）用 CIRCLE、ARC、ELLIPSE 和 DONUT 命令及对象捕捉功能绘制图形，生成实践图 7-1k 所示的图形。

（15）用 ERASE 命令删除辅助直线，用 BHATCH 命令进行红色实心填充，生成实践图 7-1l 所示的图形。

（16）将实践图形按文件名“ex71.dwg”保存。

实践图 7-2 绘制步骤：

（1）用 NEW 命令创建新图形文件，并设置图形界限为 297×210。

（2）用 ZOOM 命令及“全部”选项设置最大绘图区域。

（3）用 PLINE 命令绘制“井”字辅助线，用 MLINE 命令以及正交方式和对象捕捉功能绘制多线，多线放大比例为 20，对齐方式为居中，如实践图 7-2a 所示。

（4）用 ERASE 命令删除“井”字辅助线，用 MLEDIT 命令修改多线图形，用 RECTANG 命令绘制矩形，生成实践图 7-2b 所示的图形。

（5）用 LINE 和 ARC 命令绘制门，用 BHATCH 命令分别以 Solid、Earth、Brick、Honey 图案填充有关区域，生成实践图 7-2c 所示的图形。

（6）将图形按文件名“ex72.dwg”保存。

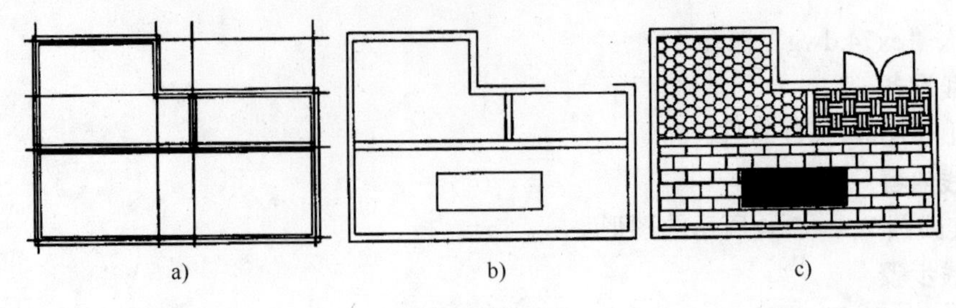

实践图 7-2

实践图 7-3 绘制步骤：

（1）用 NEW 命令创建新图形文件，并设置图形界限为 297×210。

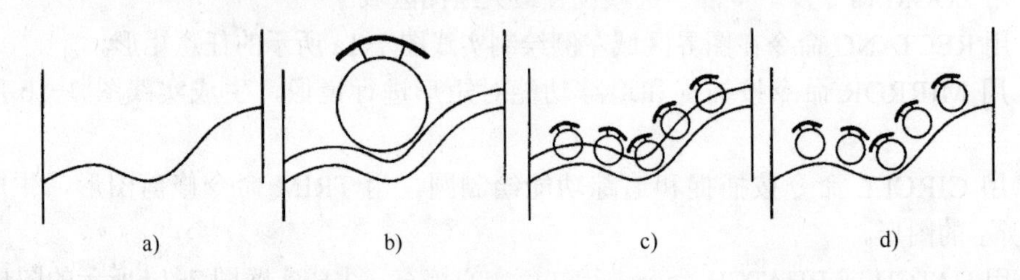

实践图 7-3

（2）用 ZOOM 命令及“全部”选项设置最大绘图区域。

（3）用 LINE 和 SPLINE 命令绘制吧台，如实践图 7-3a 所示。

（4）用 CIRCLE、LINE、ARC、TRIM 等命令绘制大小适中的吧椅，用 BLOCK 命令将吧椅定义为图块，图块名为 CHAIR，插入基点为圆心，用 SPLINE 命令绘制与第一条样条曲线形状相似的另一条样条曲线，生成实践图 7-3b 所示的图形。

（5）用 DIVIDE 命令以 CHAIR 图块 6 等分样条曲线，生成实践图 15-3c 所示的图形。

（6）用 ERASE 命令删除用于 6 等分的样条曲线，生成实践图 15-3d 所示的图形。

（7）将实践图形按文件名“ex73.dwg”保存。

实践图 7-4 绘制步骤：

（1）用 NEW 命令创建新图形文件，并设置图形界限为 297×210。

（2）用 ZOOM 命令及“全部”选项设置最大绘图区域。

（3）用 LAYER 命令创建两个新图层。

- 辅助图层（Aux）：颜色为蓝色，其余属性为默认
- 电路图层（Circuit）：颜色为红色，其余属性为默认。

（4）将 0 层置为当前图层，用二维图形绘制和编辑命令及对象捕捉功能在 1×1 范围内按实践图 7-4a 的顺序绘制三极管基本图形，字母“T”为文字字符，字母“t”为属性名称，该属性提示信息为“t=”，默认值为“1”。

（5）用二维图形绘制和编辑命令及对象捕捉功能在 1×1 范围内按实践图 7-4b 顺序绘制电容基本图形，字母“C”为文字字符，字母“c”为属性名称，该属性提示信息为“c=”，默认值为“1”。

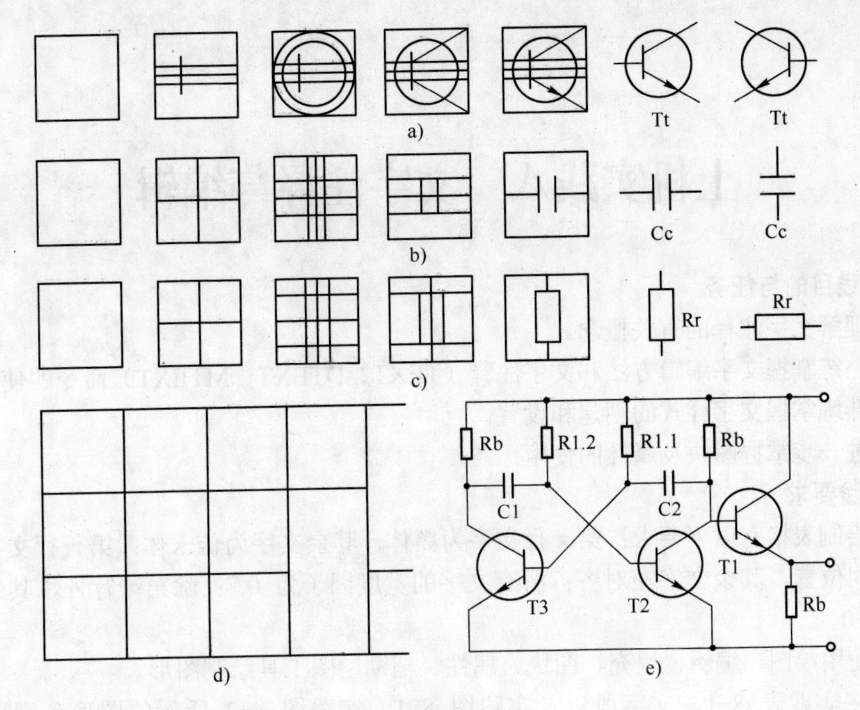

实践图 7-4

（6）用二维图形绘制和编辑命令及对象捕捉功能在 1×1 范围内按实践图 7-4c 顺序绘制电阻基本图形，字母“R”为文字字符，字母“r”为属性名称，该属性提示信息为“r=”，默认值为“b”。

（7）用 BLOCK 命令创建两个带属性的三极管图块 T1 和 T2，插入基点分别为水平短直线外侧端点。

（8）用 BLOCK 命令创建两个带属性的电容图块 C1 和 C2，插入基点分别为左边水平短直线和上边垂直短直线外侧端点。

（9）用 BLOCK 命令创建两个带属性的电阻图块 R1 和 R2，插入基点分别为上边垂直短直线和左边水平短直线外侧端点。

（10）用 LAYER 命令设置当前图层为 Aux。

（11）用图形绘制和编辑命令绘制“井”字网格，间距为 20，如实践图 7-4d 所示。

（12）用 LAYER 命令设置当前图层为 Circuit。

（13）用 INSERT 命令插入有关三极管图块、电容图块和电阻图块，放大比例为 20；用 LINE 命令以及对象捕捉功能绘制有关连线；用 DONUT 命令及对象捕捉功能在接点处绘制填充实心小圆环，如实践图 7-4e 所示。

（14）用 LAYER 命令关闭 0 层和 Aux 层。

（15）将实践图形按文件名“ex74.dwg”保存。

6. 注意事项

看懂图形形状，按操作步骤绘图。

上机实践八　文字注释与编辑

1. 实践目的与任务

（1）理解文字注释的有关概念。

（2）熟练掌握文字编辑方法和文字注释（TEXT、DTEXT、MTEXT）命令的使用。

（3）熟练掌握文字样式的创建和设置。

（4）进一步掌握图块及属性的使用。

2. 实践要求

（1）绘制表格有以下要求：第一行文字为黑体，其余文字为仿宋体；第一行文字放在所在列的中间位置，其余文字左对齐；所有文字的宽度因子为 0.7；除第一行外，其余行文字向右倾斜 10°。

（2）使用绘图、编辑、填充、图块、属性、辅助绘图工具绘制图形。

（3）将实践表 8-1、文字段以及实践图 8-1、实践图 8-2 所示的图形分别按文件名“ex81.dwg”、“ex82.dwg”、“ex83.dwg”、“ex84.dwg”保存。

（4）尺寸标注略。

3. 实践设备

计算机与 AutoCAD 软件。

4. 实践内容

（1）绘制实践表 8-1，并注释有关文字。

实践表 8-1

图层名	含义	颜色	线型
WALL	墙体层	WHITE	Continous
DOOR	门窗层	YELLOW	Continous
FUTURE	家具层	GREEN	Continous
BATHROOM	浴室层	BLUE	Continous
DIM	标注层	MAGENTA	Continous

（2）注释一段文字。

（3）绘制实践图 8-1、8-2 所示的图形。

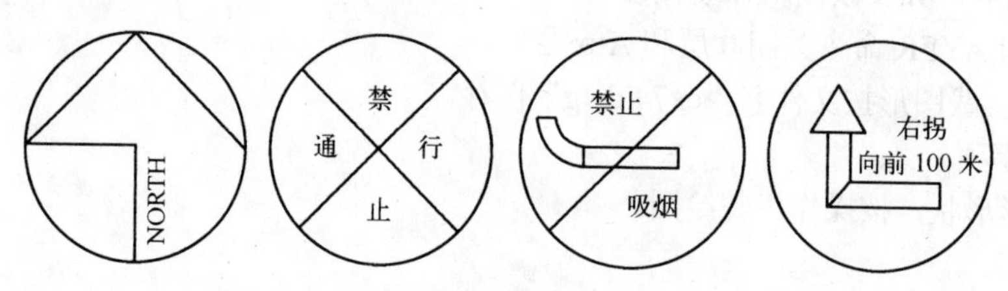

实践图 8-1

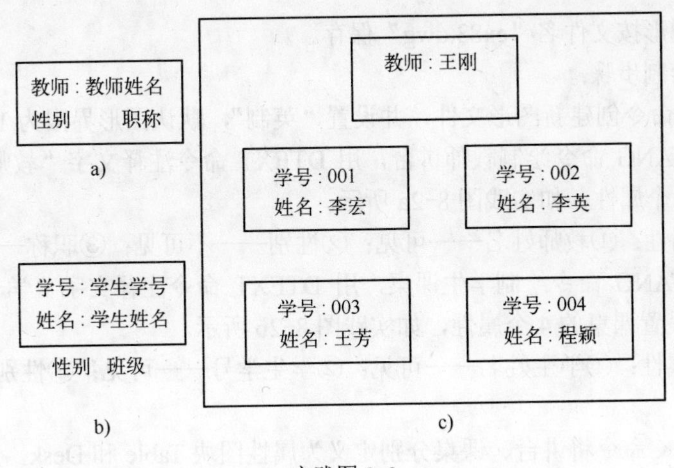

实践图 8-2

5. 实践步骤

实践表 8-1 绘制步骤：

（1）启动 AutoCAD 软件，进入 AutoCAD 软件绘图界面。

（2）用 LIMITS 命令设置图形界限为 15×10，用 ZOOM 命令及“全部”选项设置最大绘图区域。

（3）用 RECTANG、LINE、OFFSET 命令绘制表格框架。

（4）选择“格式”→“文字类型”命令，定义 S1 和 S2 两种文字样式，文字样式 S1 的字体为黑体、宽度因子为 0.7、非倾斜；文字样式 S2 的字体为仿宋体、宽度因子为 0.7、右倾斜 10°。

（5）用 DTEXT 命令注释第一行文字，文字样式为 S1，对齐方式为居中（Center）方式。

（6）用 DTEXT 命令注释其余行文字，文字样式为 S2，对齐方式为左对齐（Left）方式。

（7）将实践表格按文件名“ex81.dwg”保存。

文字段输入步骤：

（1）用 NEW 命令创建新图形文件，通过“AutoCAD 软件今日”向导对话框设置“英制”，默认图形界限为 12×9。

（2）用 RECTANG 命令绘制矩形。用 MTEXT 命令在矩形内输入以下文字段：

AutoCAD 软件是一种计算机辅助设计软件包。它有较强的文字注释功能，提供多种字型，并可注释分式 a/b、公差符号±、度符号°、直径符号ϕ和指数 b^n。

（3）将文字段按文件名“ex82.dwg”保存。

实践图 8-1 绘制步骤：

（1）用 NEW 命令创建新图形文件，并设置“英制”，默认图形界限为 12×9。

（2）用 CIRCLE、LINE、OFFSET、PLINE、TRACE、ROTATE 等命令绘制实践图 8-1 所示的图形。

（3）用 DTEXT 命令注释文字，文字样式自行定义。

（4）用 BLOCK 命令将图形（标牌）定义为图块。

（5）将实践图形按文件名“ex83.dwg”保存。

实践图 8-2 绘制步骤：

（1）用 NEW 命令创建新图形文件，并设置“英制”，默认图形界限为 15×10。

（2）用 RECTANG 命令绘制教师讲台，用 DTEXT 命令注释文字“教师：”，用 ATrDEF 命令设置讲台的 3 个属性，如实践图 8-2a 所示。

讲台有 3 个属性：①教师姓名——可见；②性别——不可见；③职称——不可见。

（3）用 RECTANG 命令绘制学生课桌，用 DTEXT 命令注释文字“学号：”、“姓名：”，用 ATRDEF 命令设置课桌的 4 个属性，如实践图 8-2b 所示。

课桌有 4 个属性：①学生姓名——可见；②学生学号——可见；③性别——不可见；④班级——不可见。

（4）用 BLOCK 命令将讲台、课桌分别定义为属性图块 Table 和 Desk。

（5）用 RECTANG 命令绘制教室（矩形）。

（6）用 INSERT 命令将讲台和课桌插入到适当位置，如实践图 8-2c 所示。

（7）将实践图形按文件名“ex84.dwg”保存。

6. 注意事项

看懂图形形状，按操作步骤绘图。

上机实践九　尺寸标注

1. 实践目的与任务

（1）理解尺寸标注、尺寸标注变量和尺寸标注样式等概念。

（2）熟练掌握各种尺寸标注的方法。

（3）进一步熟悉图层、图块和属性的使用。

2. 实践要求

（1）将实践图 9-1f、9-2、9-3 所示的图形分别绘制在不同文件中，图形界限分别为 260×184、130×90、150×120。

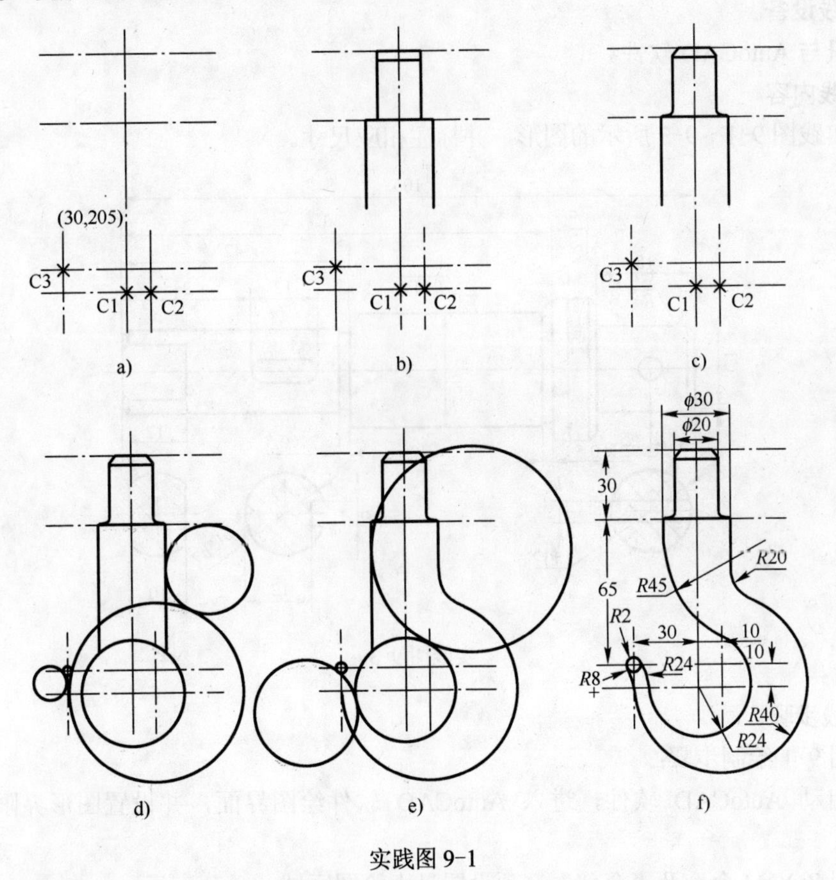

实践图 9-1

（2）使用绘图、编辑、填充、图块、属性、图层、辅助绘图等命令绘制图形。

（3）严格按图中尺寸标注样式风格标注尺寸。

（4）将实践图 9-1f、9-2、9-3 所示的图形分别按文件名“ex91.dwg”、“ex92.dwg”、“ex93.dwg”保存。

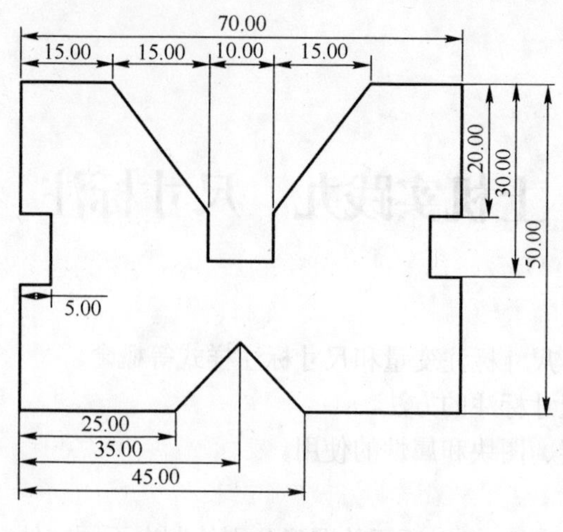

实践图 9-2

3. 实践设备

计算机与 AutoCAD 软件。

4. 实践内容

绘制实践图 9-1～9-3 所示的图形，并标注相应尺寸。

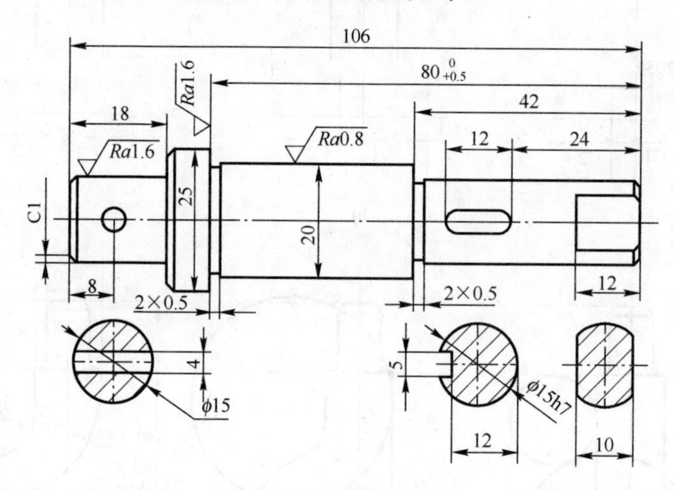

实践图 9-3

5. 实践步骤

实践图 9-1 绘制步骤：

（1）启动 AutoCAD 软件，进入 AutoCAD 软件绘图界面，并设置图形界限为 260×184。

（2）用 ZOOM 命令及“全部”选项设置最大绘图区域。

（3）用 LAYER 命令创建 3 个新图层。

- 辅助线图层（Aux）：颜色为红色，线型为中心线（Center2）。
- 轮廓线图层（Obj）：颜色为白色，线型为实线（Continuous）。
- 尺寸标注图层（Dim）：颜色为蓝色，线型为实线（Continuous），并将 Aux 层设置为当前层。

（4）用 LINE、PLINE、OFFSET、BREAK 等命令按标注尺寸绘制辅助线，C3 点坐标为（30,205），如实践图 9-1a 所示。

（5）用 LAYER 命令设置 Obj 层为当前层。

（6）用 LINE、PLINE、OFFSET 等命令按标注尺寸绘制轮廓线，如实践图 9-1b 所示。

（7）用 FILLET、CHAMFER 命令进行倒角处理，倒角距离和圆角半径为 3，如实践图 9-1c 所示。

（8）用 CIRCLE 命令分别以点 C1、C2、C3 为圆心绘制 3 个圆，用 TTR 方法绘制其余两个圆，如实践图 9-1d 所示。

（9）用 TRIM 命令剪切图形后用 TTR 方法绘制圆，如实践图 9-1e 所示。

（10）用 TRIM 命令剪切图形后在 Dim 图层按实践图 9-1f 所示标注样式标注尺寸。

（11）将实践图形按文件名“ex91.dwg”保存。

实践图 9-2 绘制步骤：

（1）用 NEW 命令创建新图形文件，用 LIMITS 命令设置图形界限为 130×90，用 ZOOM 命令及“全部”选项设置最大绘图区域。

（2）绘制实践图 9-2 所示的图形，左下角坐标为（15,25）。

（3）按图中尺寸标注样式标注尺寸。

（4）将实践图形按文件名“ex92.dwg”保存。

实践图 9-3 绘制步骤：

（1）用 NEW 命令创建新图形文件，用 LIMITS 命令设置图形界限为 150×120，用 ZOOM 命令及“全部”选项设置最大绘图区域。

（2）用 LAYER 命令创建 3 个新图层。

- PRT 层：颜色为绿色，线型为实线，绘制图中实线轮廓线。
- PAT 层：颜色为蓝色，线型为实线，填充图案。
- DIM 层：颜色为红色，线型为实线，标注尺寸。

0 层用于绘制和创建带属性图块，设置为当前图层。

（3）用 LINE、OFFSET、TRIM 等命令绘制粗糙度图形，用 ATYDEF 命令定义粗糙度属性 ATT，并将其定义为带属性图块 ROUGH。

（4）用 RECTANG、LINE、FILLET 等命令绘制实践图 9-3 所示图形的轮廓线。

（5）在 PRT 层填充图案。

（6）在 DIM 层按图中尺寸标注样式标注尺寸，在相应位置插入 ROUGH 属性图块。

（7）将实践图形按文件名“ex93.dwg”保存。

6. 注意事项

看懂图形形状，按操作步骤绘图。

上机实践十　二维平面绘图基本练习

1. 实践目的与任务

（1）提高读者的综合绘图能力。

（2）熟练运用 AutoCAD 软件基本知识、基本概念和基本方法绘制复杂二维图形。

（3）熟练使用 AutoCAD 软件基本操作、基本命令和辅助功能绘制复杂二维图形。

2. 实践要求

（1）将实践图 10-1、10-2 所示的图形分别绘制在不同文件中，实践图 10-1 的图形界限为 11000×13000，实践图 10-2 的图形界限为 594×420。

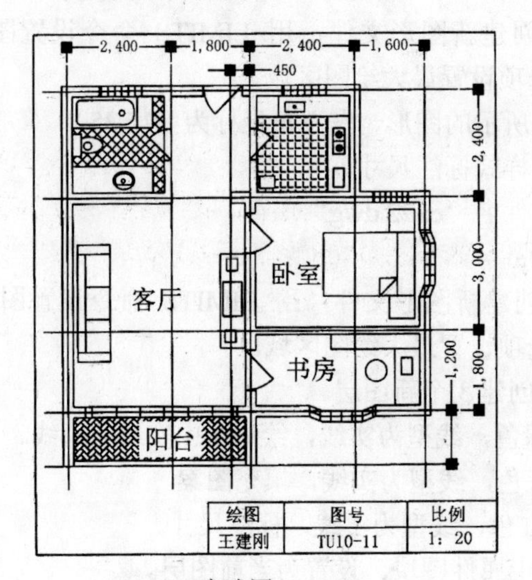

实践图 10-1

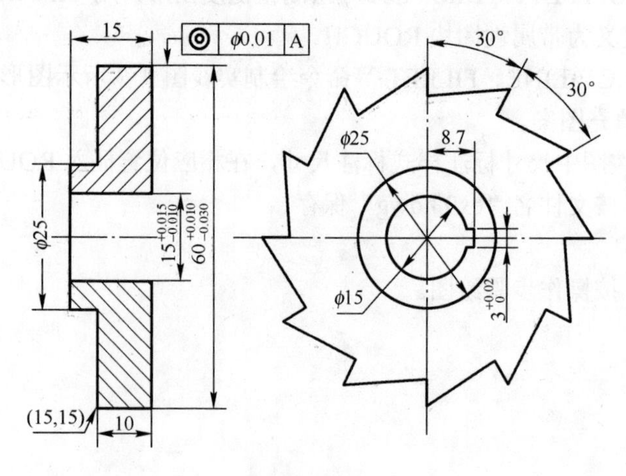

实践图 10-2

（2）绘图时设置合适的绘图环境（单位、图界、图层、颜色、线型和线宽）。

（3）绘图时可使用合适的绘图工具（栅格、网格、正交、对象捕捉和自动追踪）。

（4）使用绘图、编辑、填充、图块、属性、图层、辅助绘图等命令绘制图形。

（5）严格按实践图中的尺寸标注样式标注尺寸。

（6）将实践图 10-1、10-2 分别按文件名“exl01.dwg”、“exl02.dwg”保存。

3. 实践设备

计算机与 AutoCAD 软件。

4. 实践内容

绘制实践图 10-1、10-2 所示的图形。

5. 实践步骤

实践图 10-1 绘制步骤：

（1）启动 AutoCAD 软件，进入 AutoCAD 软件绘图界面，并设置图形界限为 11000×13000。

（2）用 ZOOM 命令及“全部”选项设置最大绘图区域。

（3）用 LAYER 命令创建 11 个图层：

- 0 层：颜色为黑色，线型为实线，绘制和创建门窗图块。
- 中心线层（CENTER）：颜色为红色，线型为 DASHDOTX2，绘制墙体中心线。
- 墙体层（WALL）：颜色为黑色，线型为实线，绘制墙体。
- 门层（DOOR）：颜色为青色，线型为实线，绘制门对象，插入门图块。
- 窗层（WINDOW）：颜色为青色，线型为实线，绘制窗对象，插入窗图块。
- 家具层（FUTURE）：颜色为蓝色，线型为实线，绘制家具。
- 设备层（FIXTURE）：颜色为 145 色，线型为实线，绘制厨卫设备。
- 填充层（HATCH）：颜色为 200 色，线型为实线，填充地面图案。
- 说明层（DIRECTION）：颜色为紫色，线型为实线，绘制图框和说明文字。
- 尺寸标注层（DIM）：颜色为蓝色，线型为实线，标注尺寸。
- 文字注释层（TEXT）：颜色为绿色，线型为实线，注释文字。

（4）用 LAYER 命令设置 0 层为当前层，用 RECTANG、LINE、ARC、TRIM、BLOCK 等命令按标注尺寸绘制和创建门窗图块 Windowl、Window2、Door，如实践图 10-3 所示。

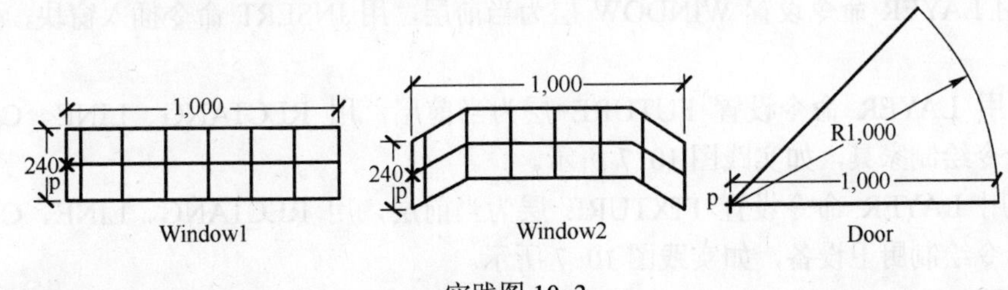

实践图 10-3

（5）用 LAYER 命令设置 CENTER 层为当前层，用 PLINE、LINE、OFFSET 等命令在 CENTER 层按标注尺寸绘制中心线，如实践图 10-4 所示。

（6）用 LAYER 命令设置 WALL 层为当前层，用 MLINE 命令及对象捕捉功能在 WALL

层绘制墙体，承重墙宽为 240，非承重墙宽为 180，如实践图 10-5 所示。

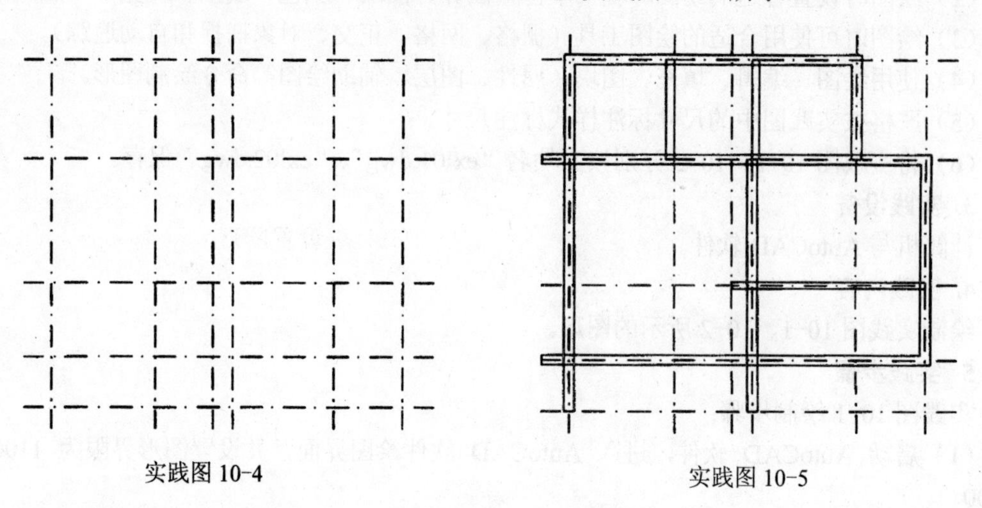

实践图 10-4　　实践图 10-5

（7）用 MLEDIT 命令修剪墙体，如实践图 10-6 所示。

（8）用 LAYER 命令设置 DOOR 层为当前层，用 INSERT 命令插入门图块，如实践图 10-7 所示。

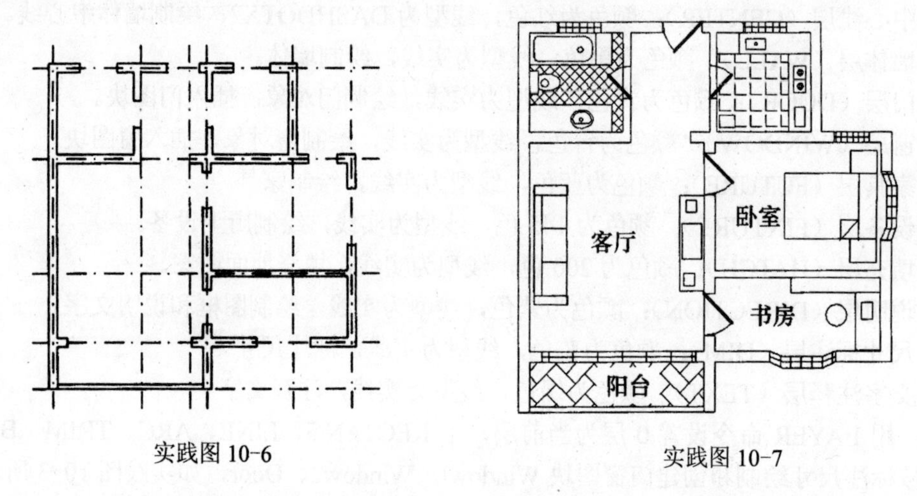

实践图 10-6　　实践图 10-7

（9）用 LAYER 命令设置 WINDOW 层为当前层，用 INSERT 命令插入窗块，如实践图 10-7 所示。

（10）用 LAYER 命令设置 FUTURE 层为当前层，用 RECTANG、LINE、CIRCLE、TRIM 等命令绘制家具，如实践图 10-7 所示。

（11）用 LAYER 命令设置 FIXTURE 层为当前层，用 RECTANG、LINE、CIRCLE、TRIM 等命令绘制厨卫设备，如实践图 10-7 所示。

（12）用 LAYER 命令设置 TEXT 层为当前层，用 DTEXT 命令注释文字，如实践图 10-7 所示。

（13）用 LAYER 命令设置 HATCH 层为当前层，用 BHATCH 命令填充图案，如实践图 10-7 所示。

（14）用 LAYER 命令设置 DIM 层为当前层，按实践图 10-1 所示的尺寸标注样式标注尺寸。

（15）用 LAYER 命令设置 DIRECTION 层为当前层，用 RECTANG、LINE、DTEXT 命令绘制图框、标题块、标题文字。

（16）将实践图形按文件名“exl01.dwg”保存。

实践图 10-2 绘制步骤：

（1）用 NEW 命令创建新图形文件，用 LIMITS 命令设置图形界限为 594×420，用 ZOOM 命令及“全部”选项设置最大绘图区域。

（2）用 LAYER 命令创建 5 个图层。

- L1 层：颜色为黑色，线型为实线，绘制轮廓线。
- L2 层：颜色为蓝色，线型为实线，填充图案。
- L3 层：颜色为红色，线型为实线，标注尺寸。
- L4 层：颜色为绿色，线型为中心线（Center），绘制中心线。
- L5 层：颜色为紫色，线型为虚线（Dashed2），绘制辅助线。

（3）用 LAYER 命令设置 L5 层为当前层，用 PLANE、OFFSET、LINE、ARC 等命令按标注尺寸绘制辅助线，如实践图 10-8 所示。

（4）用 LAYER 命令设置 L4 层为当前层，用 LINE 命令及对象捕捉功能绘制中心线，如图 10-2 所示。

（5）用 LAYER 命令设置 L1 层为当前层，用 LANE、CIRCLE、ARRAY、TRIM 等命令及对象捕捉功能绘制轮廓线，如实践图 10-9 所示。

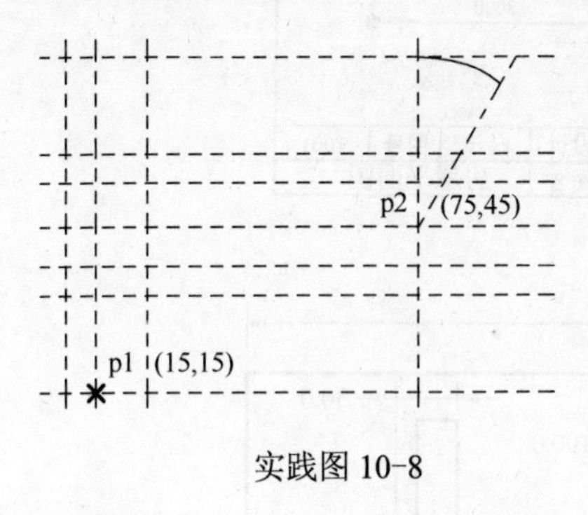

实践图 10-8

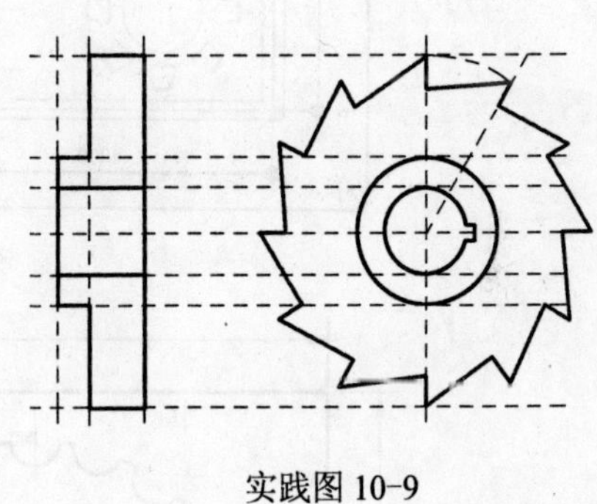

实践图 10-9

（6）用 LAYER 命令关闭 L5 层，并设置 L2 层为当前层，用 BHATCH 命令填充图案，如实践图 10-2 所示。

（7）用 LAYER 命令设置 L3 层为当前层，按图中尺寸标注样式标注尺寸，如实践图 10-2 所示。

（8）将实践图形按文件名“exl02.dwg”保存。

6. 注意事项

看懂图形形状，按操作步骤绘图。

上机实践十一　二维平面绘图综合练习

1. 实践目的与任务

（1）提高读者的综合绘图能力。

（2）熟练运用 AutoCAD 软件基本知识、基本概念和基本方法绘制复杂二维图形。

（3）熟练使用 AutoCAD 软件基本操作、基本命令和辅助功能绘制复杂二维图形。

2. 实践要求

（1）将实践图 11-1、11-2 所示的图形分别绘制在不同文件中，实践图 11-1 所示图形的图形界限为 10000×7000，实践图 11-2 所示图形的图形界限为 420×297。

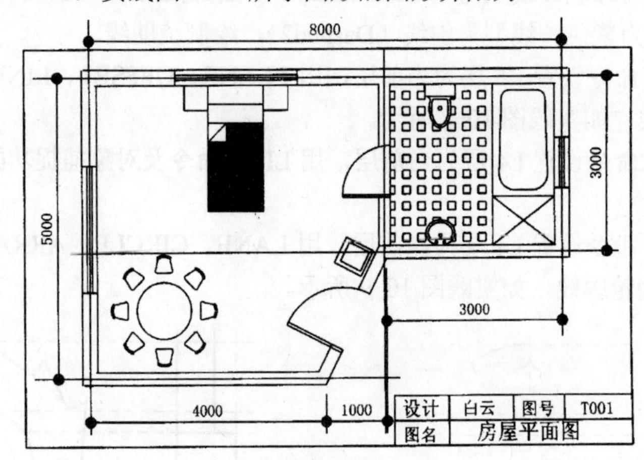

实践图 11-1

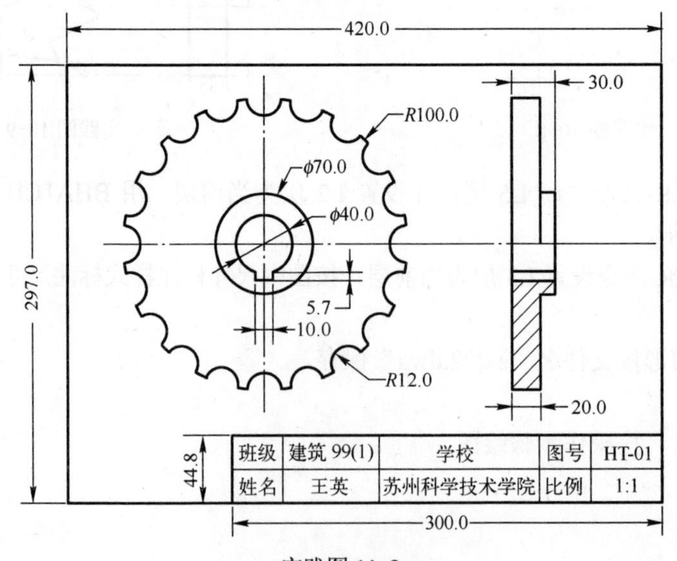

实践图 11-2

（2）绘图时设置合适的绘图环境（单位、图界、图层、颜色、线型和线宽）。

（3）绘图时使用合适的绘图工具（栅格、网格、正交、对象捕捉和自动追踪）。

（4）使用绘图、编辑、填充、图块、属性、图层、辅助绘图等命令绘制图形。

（5）严格按实践图中的尺寸样式风格标注尺寸。

（6）将实践图 11-1、11-2 所示的图形分别按文件“exll1.dwg”、“exll2.dwg”保存。

3. 实践设备

计算机与 AutoCAD 软件。

4. 实践内容

绘制实践图 11-1、图 11-2 所示的图形。

5.实践步骤

实践图 11-1 绘制步骤：

（1）启动 AutoCAD 软件，进入 AutoCAD 软件绘图界面，并设置图形界限为 10000×7000。

（2）用 ZOOM 命令及“全部”选项设置最大绘图区域。

（3）用 LAYER 命令创建 9 个图层。

● 0 层：WHITE 色，实线，绘制图块和属性。

● 中心线层（CENTER），红色（RED），Dashdot（比例 1000），绘制墙体中心线。

● 墙线层（WALL），白色，实线，绘制墙体。

● 门窗层（DOOR），紫色，实线，绘制门和窗户，插入门窗图块。

● 填充层（HATCH）：绿色，实线，绘制浴室地砖及填充地砖图案。

● 家具层（FUTURE）：青色，实线，绘制家具及插入家具图块。

● 卫生间层（BATHROOM）：200 色，实线，绘制卫生间设备及插入卫生设备图块。

● 尺寸标注层（DIM）：黄色，实线，标注尺寸。

● 标题层（DIRECTION）：蓝色，实线，绘制外框及插入标题图块。

（4）用 RECTANG、LINE、XLINE、DTEXT、ATRDEF、BLOCK 和 TRIM 等命令以及对象捕捉功能在 0 层绘制和创建带属性标题图块 DIRECTION，其中，“NAME”、“NUMBER”和“GROUPNAME”为属性，如实践图 11-3 所示。

（5）用 LAYER 命令设置 DIRECTION 层为当前层，用 RECTANG 绘制外框，用 INSERT 命令插入标题图块 DIRECTION，缩放比例为 10。

（6）设置 CENTER 层为当前层，用 LINE、XLINE 和 TRIM 等命令绘制墙体中心线。

（7）设置 WALL 层为当前层，用 MLINE 和 MLEDIT 命令绘制墙体，并在合适位置挖门洞和窗洞，墙宽为 250、大门宽 1000、小门宽 800、大窗宽 2000、小窗宽 800。

（8）用 LINE、ARC 和 TRIM 等命令及对象捕捉功能在 0 层绘制和创建门图块 DOOR 和窗户图块 WINDOW，门图块插入点为转轴线端点 p，窗户图块插入点为顶点 p，如实践图 11-3 所示。

（9）设置 DOOR 层为当前层，用 INSERT 命令插入门图块 DOOR 和窗户图块 WINDOW，门图块缩放比例为 8 和 10，窗户图块的 X 轴方向缩放比例为 0.8 和 2，Y 轴方向缩放比例均为 1。

（10）用 LINE、RECTANG、TRIM 和 BHATCH 等命令及对象捕捉功能在 0 层绘制和创建床图块 BED，图块插入点为 p，如实践图 11-3 所示。

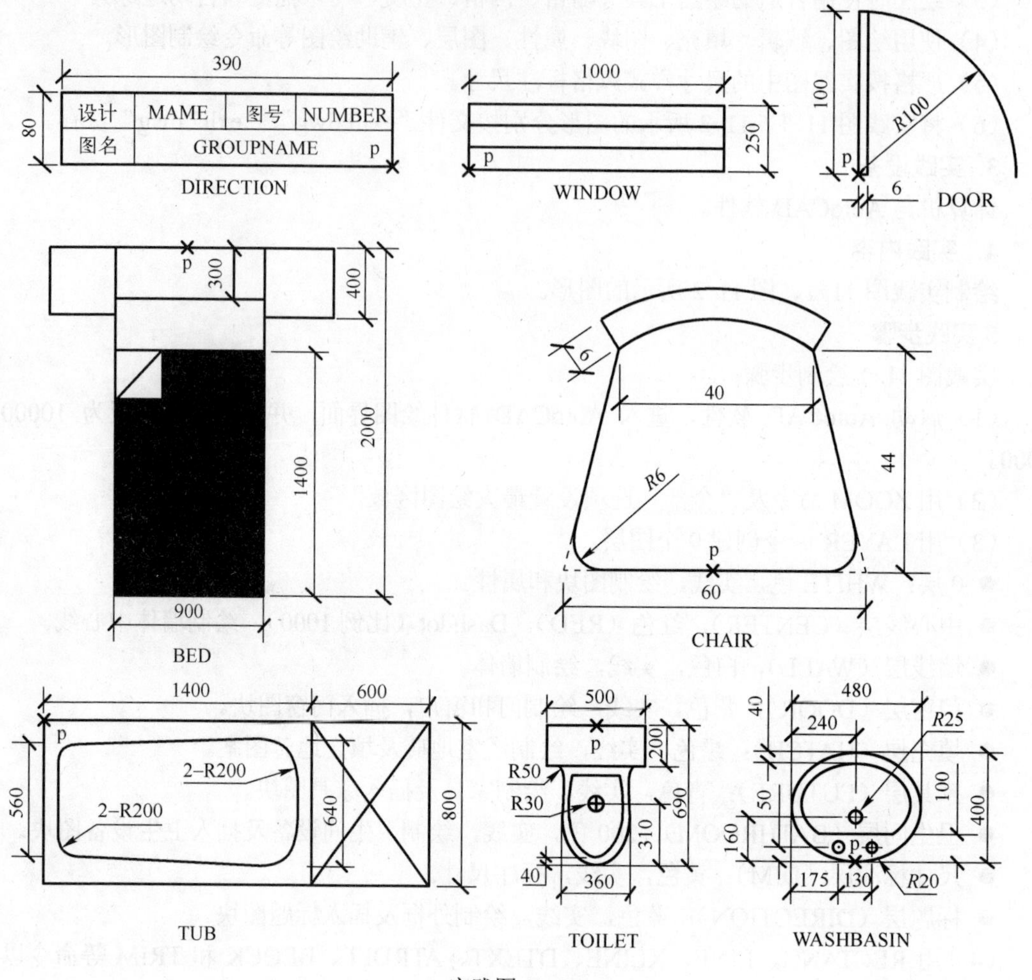

实践图 11-3

（11）用 LINE、ARC、OFFSET、FILLET 和 TRIM 等命令及对象捕捉功能在 0 层绘制和创建椅子图块 CHAIR，图块插入点为 p，如实践图 11-3 所示。

（12）设置 FUTURE 层为当前层，用 CIRCLE 和 RECTANG 绘制圆桌和电视柜，用 INSERT 命令插入床图块 BED 和椅子图块 CHAIR，对椅子图块进行环形阵列。

（13）用 RECTANG、LINE、CIRCLE、ELLIPSE、OFFSET、CHAMFER 和 TRIM 等命令及对象捕捉功能在 0 层绘制和创建浴缸图块 TUB、马桶图块 TOILET 和面盆图块 WASHBASIN，图块插入点为 p，如实践图 11-3 所示。

（14）设置 BATHROOM 层为当前层，用 INSERT 命令插入浴缸图块 TUB、马桶图块 TOILET 和面盆图块 WASHBASIN。

（15）设置 HATCH 层为当前层，用 BHATCH 命令填充浴室的地砖图案（SQUARE）。

（16）设置 DIM 层为当前层，在尺寸标注层按实践图中的尺寸标注样式标注尺寸。

（17）将实践图形以文件名“exlll.dwg”保存。

实践图 11-2 绘制步骤：

（1）用 NEW 命令创建新图形文件，并用 LIMITS 命令设置图形界限为 420×297，用 ZOOM 命令及“全部”选项设置最大绘图区域。

（2）用 LAYER 命令创建 5 个图层。

- 0 层：白色，实线，绘制零件轮廓。
- 辅助层（AUX）：绿色，中心线（CENTER），绘制中心辅助线。
- 填充层（PAT）：蓝色，实线，填充图案 ANS131。
- 尺寸标注层（DIM）：红色，实线，标注尺寸。
- 标题层（BLK）：黄色，实线，绘制图框和标题栏（属性块），正体文字为文字注释，斜体文字为属性值。

（3）用 RECTANG、LINE、XLINE、DTEXT、ATFDEF、BLOCK 和 TRIM 等命令以及对象捕捉功能在 0 层绘制和创建带属性的标题图块 BLOCK，其中，“CLASS”、“NAME”、“SCHOOL”、“NUMBER”和“SCALE”为属性，如实践图 11-4 所示。

班级	CLASS	学校	图号	NUMBER
姓名	NAME	SCHOOL	比例	SCALE

44.8

300.0

实践图 11-4

（4）设置 BLK 层为当前层，用 RECTANG 绘制图框，用 INSERT 插入标题图块 BLOCK。

（5）设置 AUX 层为当前层，用 LINE 命令绘制中心线。

（6）设置 0 层为当前层，用 LINE、CIRCLE、TRIM、ARRAY、OFFSET 等命令绘制零件轮廓。

（7）设置 PAT 层为当前层，用 BHATCH 命令填充零件剖面图案。

（8）设置 DIM 层为当前层，按图示标注风格进行尺寸标注。

（9）图框和标题栏不标注尺寸，未标注尺寸可自行确定。

（10）将实践图形按文件名“exll2.dwg”保存。

6. 注意事项

看懂图形形状，按操作步骤绘图。

上机实践十二　图纸空间、布局和图形输出

1. 实践目的与任务

（1）理解模型空间、图纸空间和布局的概念及其区别与联系。

（2）熟练掌握多视口和浮动视口的创建方法。

（3）灵活运用 AutoCAD 软件功能绘制较复杂的二维平面图形。

（4）熟练掌握布局的创建方法。

（5）熟练掌握图形的输出功能。

2. 实践要求

（1）实践图形的界限为 14400×14400，绘图比例为 1:1。

（2）绘图时可设置合适的绘图环境（单位、图界、图层、颜色、线型和线宽）。

（3）绘图时可使用合适的绘图工具（栅格、网格、正交、对象捕捉和自动追踪）。

（4）使用绘图、编辑、填充、辅助绘图等命令按标注尺寸绘制图形。

（5）尺寸标注按实践图 12-1 所示的尺寸标注样式标注。

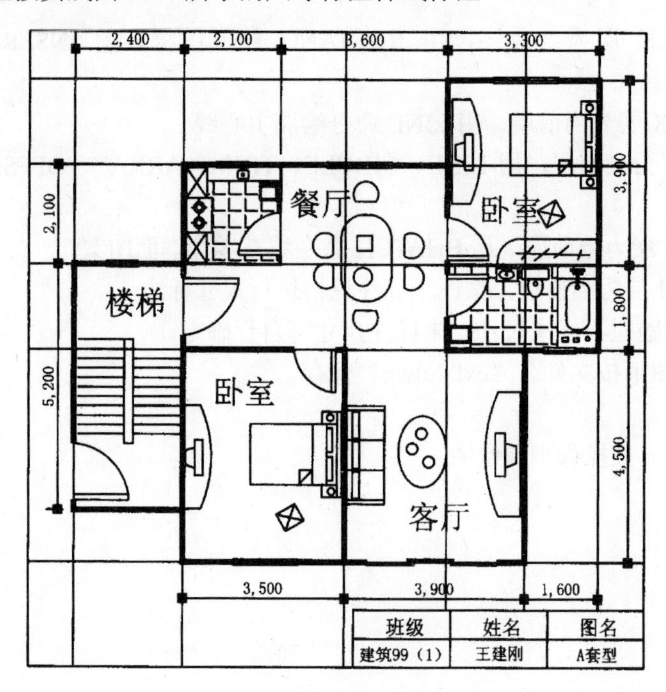

实践图 12-1

（6）模型空间页面名为“mplot1”，打印机任选，图纸尺寸为 A3，打印区域为图界范围，打印比例为充满。

（7）图纸空间布局名为“Mylayoutl”，布局页面名为“plot1”，打印机任选，图纸尺寸为A2，打印区域为布局范围，打印比例为1:1。

（8）将图形按所创建页面打印输出。

（9）将实践图12-1所示的图形按文件名“exl21.dwg”保存。

3. 实践设备

计算机与AutoCAD软件。

4. 实践内容

绘制实践图12-1所示的图形，并创建布局“Mylayoutl”，如实践图12-2所示，然后将创建的布局从打印机上输出。

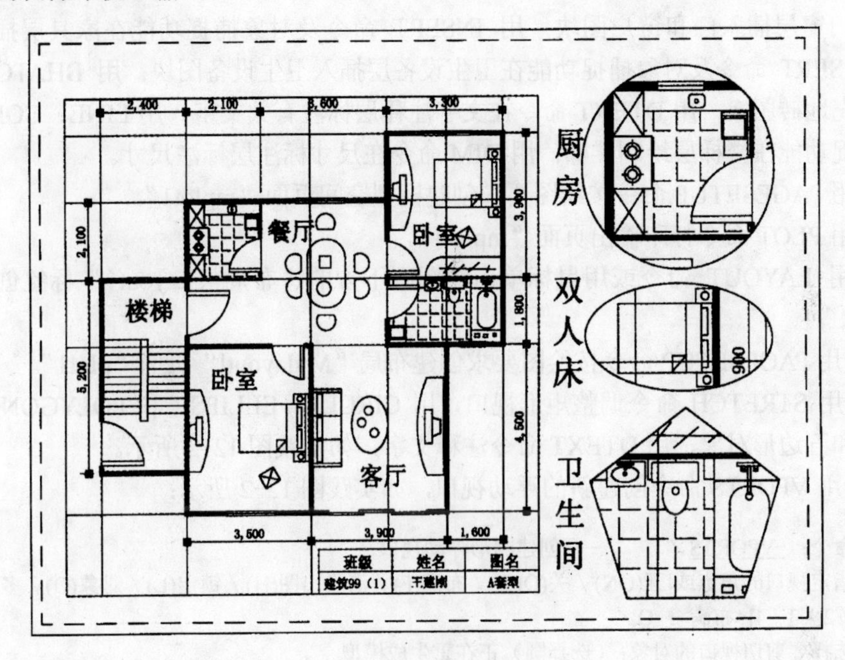

实践图12-2

5. 实践步骤

（1）启动AutoCAD软件，进入AutoCAD软件绘图界面，并设置图形界限为14400×14400。

（2）用ZOOM命令及“全部”选项设置最大绘图区域。

（3）用鼠标选择“模型”标签将绘图模式设置为模型空间。

（4）用LAYER命令创建11个图层。

- 0层：白色，实线，绘制门窗、家具和卫生设备图块及辅助图形。
- 中心线层（AXES）：红色，中心线，绘制墙体中心线。
- 墙线层（WALL）：白色，实线，绘制墙体。
- 门窗层（DOOR）：紫色，实线，绘制门和窗户，插入门和窗户图块。
- 填充层（HATCH）：绿色，实线，绘制浴室地砖，填充地砖图案。
- 家具层（FUTURE）：青色，实线，绘制家具，插入家具图块。
- 卫生设备层（FIXTURE）：200色，实线，绘制卫生设备，插入卫生设备图块。

- 尺寸标注层（DIM）：黄色，实线，标注尺寸。
- 文字注释层（TEXT）：蓝色，实线，注释文字。
- 楼梯层（STAIR）：红色，实线，绘制楼梯。
- 标题层（DIRECTION）：82 色，实线，绘制图框和标题信息。

（5）在 0 层使用绘图命令绘制并创建门、窗户、家具和卫生设备图块。

（6）用绘图、编辑、辅助工具在有关图层按标注尺寸绘制实践图 12-1 所示的图形；用 LINE、RECTANG、OFFSET、DTEXT 等命令及对象捕捉功能在 DIRECTION 层绘制图框和标题信息；用 LINE、PLINE、OFFSET 等命令及对象捕捉功能在 AXES 层绘制中心线；用 TRACE、BREAK 等命令以及对象捕捉功能在 WALL 层绘制墙线；用 INSERT 命令及对象捕捉功能在门窗层插入门和窗户图块；用 INSERT 命令及对象捕捉功能在家具层插入家具图块；用 INSERT 命令及对象捕捉功能在卫生设备层插入卫生设备图块；用 BHATCH 命令在填充层填充地砖图案；用 DTEXT 命令在文字注释层标注有关文字；用 LINE、COPY 等命令及对象捕捉功能在楼梯层绘制楼梯；用 DIM 命令在尺寸标注层标注尺寸。

（7）用 PAGESETUP 命令按绘图要求创建模型空间页面“mplot1”。

（8）用 PLOT 命令打印输出页面“mplot1”。

（9）用 LAYOUT 命令或用鼠标单击绘图区下方的“布局（Layout）”标签创建新布局“Mylayoutl”。

（10）用 PAGESETUP 命令按绘图要求创建布局“Mylayoutl”页面“plot1”。

（11）用 STRETCH 命令调整矩形视口，用 CIRCLE、ELLIPSE 和 POLYGON 命令绘制圆、椭圆和五边形对象，用 DTEXT 命令注释文字，如实践图 12-2 所示。

（12）用 VPORTS 命令创建新的浮动视口，如实践图 12-2 所示：

命令：-VPORTS↙　　——创建圆形浮动视口

指定视口的角点或[开(ON) / 关(OPP) / 布满(F) / 消隐出图(H) / 锁定(L) / 对象(O) / 多边形(r) / 恢复(R) / 2 / 3 / 4]<布满>：O↙

选择要剪切视口的对象：（选择圆）正在重生成模型

同法创建椭圆和五边形浮动视口。

（13）用鼠标单击状态条上的“图纸（PAPER）”，转换为兼容模型空间“模型（MODEL）”。

（14）用 ZOOM 和 PAN 命令在圆形、椭圆和五边形浮动视口的相应模型空间将图形调整到合适大小和位置。

（15）用鼠标单击状态条上的“模型”，转换为图纸空间“图纸”。

（16）用 PLOT 命令打印输出页面“plot1”。

6. 注意事项

看懂图形形状，按操作步骤绘图。

上机实践十三　三维图形绘制方法

1. 实践目的与任务

（1）理解和掌握三维空间概念。

（2）理解和掌握构造平面、标高、厚度等概念。

（3）理解和掌握三维图形显示方式（VPOINT、DVIEW、3DORBIT）。

（4）理解和掌握用户坐标系概念，熟练掌握用户坐标系的创建方法。

（5）熟练掌握用标高和厚度特性使用二维绘图命令绘制简单三维图形。

（6）理解和掌握三维平面概念，熟练掌握用 3DFACE 命令绘制表面模型三维图形。

2. 实践要求

（1）将实践图 13-1～13-3 所示的图形分别绘制在不同文件中，3 个图形文件的图形界限均相同，为 420×297，按标注尺寸绘制。

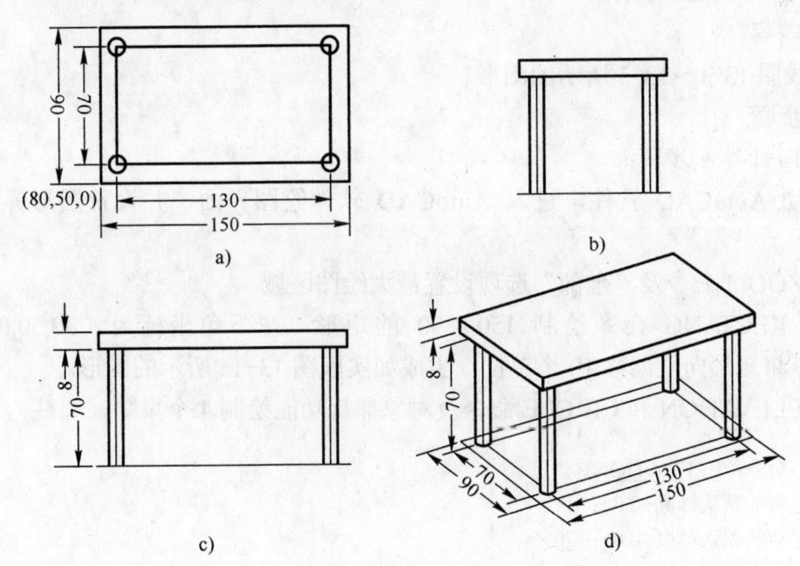

实践图 13-1

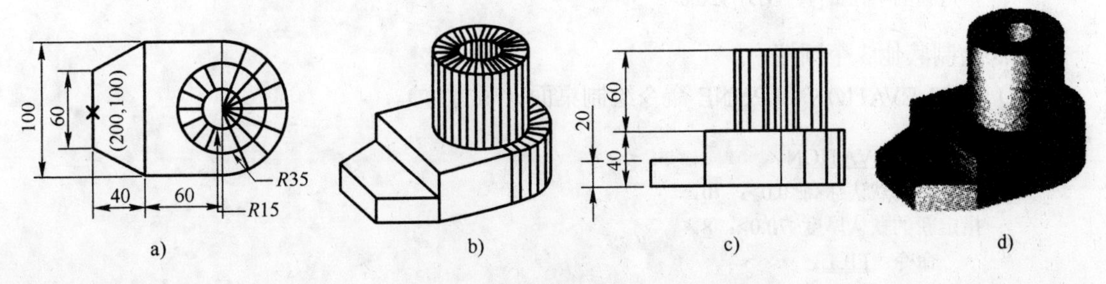

实践图 13-2

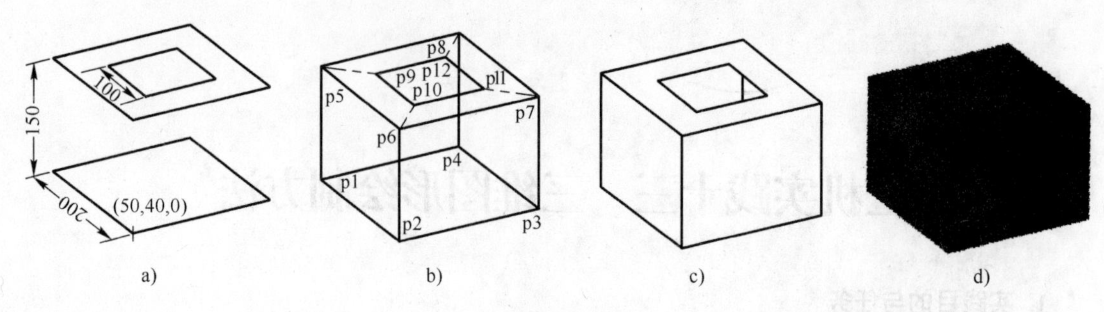

实践图 13-3

（2）绘图时可设置合适的绘图环境（单位、图界、图层、颜色、线型和线宽）。

（3）绘图时可使用合适的绘图工具（栅格、网格、正交、对象捕捉和自动追踪）。

（4）绘图时可创建辅助线和尺寸标注图层。

（5）使用标高、厚度、二维绘图和 3DFACE 命令以及对象捕捉功能绘制图形。

（6）将实践图 13-1～13-3 所示的图形分别按文件名“exl31.dwg”、“exl32.dwg”、“exl33.dwg”保存。

3. 实践设备

计算机与 AutoCAD 软件。

4. 实践内容

绘制实践图 13-1～13-3 所示的图形。

5. 实践步骤

实践图 13-1 绘制步骤：

（1）启动 AutoCAD 软件，进入 AutoCAD 软件绘图界面，并设置图形界限为 420×297。

（2）用 ZOOM 命令及“全部”选项设置最大绘图区域。

（3）用 RECTANG 命令绘制 150×90 的矩形，左下角坐标为（80,50,0），然后用 OFFSET 命令将矩形向里偏移 10 个单位，生成如实践图 13-1a 所示的图形。

（4）用 ELEVATION 和 CIRCLE 命令及对象捕捉功能绘制 4 个桌腿（圆柱）。

命令：ELEVATION↙
指定新的默认标高<0.0>：↙
指定新的默认厚度<0.0>：70↙
命令：CIRCLE↙
指定圆的圆心或[三点(3P) / 两点(2P) / 相切、相切、半径(T)]：(交点捕捉小矩形一顶点)
指定圆的半径或[直径(D)]<20.0>：5↙

同法绘制其他 3 个圆柱。

（5）用 ELEVATION 和 PUNE 命令绘制桌面（长方体）。

命令：ELEVATION↙
指定新的默认标高<0.0>：70↙
指定新的默认厚度<70.0>：8↙
命令：FILL↙
输入模式[开(ON) / 关(OFF)]<开>：OFF↙

命令：PLINE↙
指定起点：80,95↙
当前线宽为 0.0000
指定下一个点或[圆弧(A) / 半宽(H) / 长度(L) / 放弃(U) / 宽度(W)]：W↙
指定起点宽度<0.0000>：90↙
指定端点宽度<90.0000>：↙
指定下一个点或[圆弧(A) / 半宽(H) / 长度(L) / 放弃(U) / 宽度(W)]：@150,0↙
指定下一点或[圆弧(A) / 闭合(C) / 半宽(H) / 长度(L) / 放弃(U) / 宽度(W)]：↙

（6）用 UCS 和线性尺寸标注命令标注尺寸，生成实践图 13-1d 所示的图形。

（7）用 VPOINT 和 HIDE 命令显示三维图形，如实践图 13-1d 所示。

（8）将实践图形按文件名“ex131.dwg”保存。

实践图 13-2 绘制步骤：

（1）用 NEW 命令创建新图形文件，用 LIMITS 命令设置图形界限为 420×297，用 ZOOM 命令及“全部”选项设置最大绘图区域。

（2）用 ELEVATION 和 PUNE 命令绘制底座。

命令：ELEV↙　　——用 ELEV 命令设置标高为 0，厚度为 20
命令：PLANE↙
指定起点：200,100↙
指定下一个点或[圆弧(A) / 半宽(H) / 长度(L) / 放弃(U) / 宽度(W)]：W↙
指定起点宽度<0.0000>：60↙
指定端点宽度<60.0000>：100↙
指定下一个点或[圆弧(A) / 半宽(H) / 长度(L) / 放弃(U) / 宽度(W)]：@40,0↙
指定下一点或[圆弧(A) / 闭合(C) / 半宽(H) / 长度(L) / 放弃(U) / 宽度(W)]：↙
命令：ELEV↙　　——用 ELEV 命令设置标高为 0，厚度为 40
命令：PLINE↙
指定起点：↙
当前线宽为 100．0000
指定下一个点或[圆弧(A) / 半宽(H) / 长度(L) / 放弃(U) / 宽度(W)]：@60,0↙
指定下一点或[圆弧(A) / 闭合(C) / 半宽(H) / 长度(L) / 放弃(U) / 宽度(W)]：↙
命令：PLINE↙
指定起点：300,75 /
当前线宽为 100．0000
指定下一个点或[圆弧(A) / 半宽(H) / 长度(L) / 放弃(U) / 宽度(W)]：W↙
指定起点宽度<100.0000>：50↙
指定端点宽度<50.0000>：/
指定下一个点或[圆弧(A) / 半宽(H) / 长度(L) / 放弃(U) / 宽度(W)]：A↙
指定圆弧的端点或[角度(A) / 圆心(CE) / 方向(D) / 半宽(H) / 直线(L) / 半径(R) / 第二个点(S) / 放弃(U) / 宽度(W)]：@0,50↙
指定圆弧的端点或[角度(A) / 圆心(CE) / 闭合(CL) / 方向(D) / 半宽(H) / 直线(L) / 半径(R) / 第二个 点(S) / 放弃(U) / 宽度(W)]：CL↙

（3）用 ELEVATION 和 DONUT 命令绘制底座上方的圆管。

命令：ELEV↙　　——用 ELEV 命令设置标高为 40，厚度为 60
命令：DONUT↙

指定圆环的内径<0.5000>：30↙
指定圆环的外径<30.0000>：70↙
指定圆环的中心点或<退出>：300,100↙
指定圆环的中心点或<退出>：↙

（4）用 LAYER 命令创建尺寸标注图层 DIM，并对图形进行尺寸标注。

（5）用 VPOINT 和 HIDE 命令显示三维图形，如实践图 13-2d 所示。

（6）将实践图形按文件名“exl32.dwg”保存。

实践图 13-3 绘制步骤：

（1）用 NEW 命令创建新图形文件，用 LIMITS 命令设置图形界限为 420×297，用 Z00M 命令及“全部”选项设置最大绘图区域。

（2）用 LAYER 命令创建两个新图层。

- 辅助图层 Aux：颜色为蓝色。
- 实体图层 Object：颜色为红色，其余属性默认，当前图层为 Aux 层。

（3）用 RECTANC、COPY 和 OFFSET 命令绘制实践图 13-3a 所示的辅助二维图形，正方形左下角坐标为（50,40,0），边长为 200。

命令：RECTANG↙　　——绘制下方大正方形
命令：COPY↙　　——朝 Z 轴正向 150 位置复制大正方形
命令：OFFSET↙　　——绘制上方大正方形朝内侧偏移 50，生成小正方形

（4）用 LAYER 命令设置当前图层为 Object。

（5）用 3DFACE 命令绘制三维面，如实践图 13-3b 所示。

命令：3DFACE↙　　——绘制底面三维面 p1p2p3p4
命令：3DFACE↙　　——绘制侧面三维面 p1p5p6p2、p6p2p3p7、p3p7p8p4、p8p4p1p5
指定第一点或[不可见(I)]：(拾取 p1 点)
指定第二点或[不可见(I)]：(拾取 p5 点)
指定第三点或[不可见(I)]<退出>：(拾取 p6 点)
指定第四点或[不可见(I)]<创建三侧面>：(拾取 p2 点)
指定第三点或[不可见(I)]<退出>：(拾取 p3 点)
指定第四点或[不可见(I)]<创建三侧面>：(拾取 p7 点)
指定第三点或[不可见(I)]<退出>：(拾取 p8 点)
指定第四点或[不可见(I)]<创建三侧面>：(拾取 p4 点)
指定第三点或[不可见(I)]<退出>：(拾取 p1 点)
指定第四点或[不可见(I)]<创建三侧面>：(拾取 p5 点)
指定第三点或[不可见(I)]<退出>：↙
命令：3DFACE↙——绘制顶面三维面 p5p9p10p6、...、p12p8p5p9
命令：EDGE↙——隐藏顶面三维面交线，虚线表示

（6）用 HIDE 命令消隐处理，如实践图 13-3c 所示。

（7）用 SHADE 命令进行带边线体着色处理，如实践图 13-3d 所示。

（8）将实践图形按文件名“exl33.dwg”保存。

6. 注意事项

看懂图形形状，按操作步骤绘图。

上机实践十四　复杂三维图形绘制方法

1. 实践目的与任务

（1）进一步理解三维空间概念。

（2）进一步理解构造平面、标高、厚度等概念。

（3）进一步理解三维图形显示方式（VPOINT、DVIEW、3DORBIT）。

（4）进一步理解用户坐标系概念，熟练掌握用户坐标系的创建方法。

（5）熟练掌握用三维图形绘制命令以及各种辅助绘图工具绘制复杂三维图形。

（6）提高综合绘图能力。

2. 实践要求

（1）实践图形界限为2400×2900。

（2）按图形性质设置7个图层。

- 0层：黑色，虚线（DOT2），线型比例10，绘制“井”字形辅助线。
- L1层：洋红色，绘制床头柜。
- L2层：蓝色，实线，绘制台灯及书。
- L3层：青色，实线，绘制床脚。
- L4层：绿色，实线，绘制床垫。
- L5层：黄色，实线，绘制枕头。
- L6层：红色，实线，绘制床头板。

（3）按平面图中的标注尺寸绘制（未注明尺寸自行确定），其余要求尺寸如下：床支脚高为300，床垫高为200，枕头高为90；床头板支架高为700，弧半径1000，板厚40；床头柜高600，台灯底座高275，灯罩高200，总高450。

（4）尺寸标注略。

（5）将实践图形按文件名“exl41.dwg”保存。

3. 实践设备

计算机与AutoCAD软件。

4. 实践内容

按要求绘制实践图14-1所示的立体模型图。

5. 实践步骤

（1）启动AutoCAD软件，进入AutoCAD软件绘图界面，并设置图形界限为2400×2900。

（2）用ZOOM命令及“全部”选项确定最大绘图区域。

（3）用LAYER命令按绘图要求创建图层，设置有关状态参数。

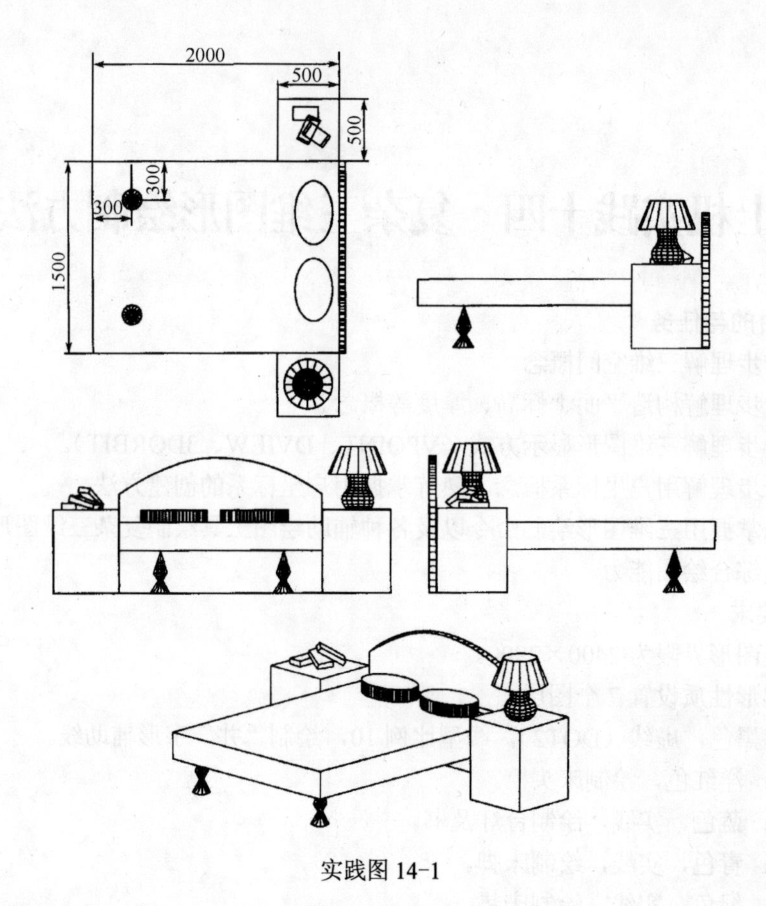

实践图 14-1

（4）用 LAYER 命令设置 0 层为当前层，用 PLINE、OFFSET、LINE 等命令按标注尺寸绘制“井”字辅助线，如实践图 14-2 所示。

（5）用 LAYER 命令设置 L1 层为当前层，用 ELEV、PLINE、FILL 等命令绘制床头柜，高度为 0，厚度为 600，如实践图 14-3 所示。

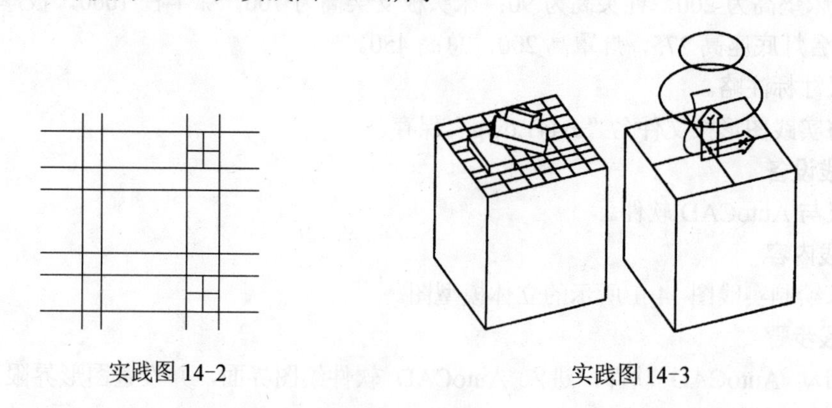

实践图 14-2　　　　实践图 14-3

（6）用 LAYER 命令设置 L2 层为当前层，用 UCS、LINE、CIRCLE、PLAN、PLINE、ALIGN、REVSURF、RULESURF 等命令绘制台灯及书，如实践图 14-3 所示。

（7）用 LAYER 命令设置 L3 层为当前层，用 UCS、LINE、CIRCLE、PLAN、PLINE、REVSURF 等命令绘制两个床脚，如实践图 14-1 所示。

（8）设置 L4 层为当前层，用 ELEV、PLINE、FILL 等命令绘制床垫，高度为 300，厚度为 200。

（9）设置 L5 层为当前层，用 ELEV、ELLIPSE、FILL 等命令绘制枕头，高度为 500，厚度为 90。

（10）设置 L6 层为当前层，用 UCS、PLAN、PLINE、REGION、COPY、RULESURF 等命令绘制床头板，厚度为 40。

（11）将实践图形按文件名“exl41.dwg”保存。

6. 注意事项

看懂图形形状，按操作步骤绘图。

上机实践十五　综合绘制三维图形

1. 实践目的与任务

（1）深入理解三维空间概念。

（2）深入理解构造平面、标高、厚度等概念。

（3）深入理解三维图形显示方式（VPOINT、DVIEW、3DORBIT）。

（4）深入理解用户坐标系概念，熟练掌握用户坐标系的创建方法。

（5）熟练掌握用三维图形绘制命令以及各种辅助绘图工具绘制复杂三维图形。

（6）提高综合绘图能力。

2. 实践要求

（1）实践图形界限为 120×90。

（2）按图形性质设置 7 个图层。

（3）按平面图中的标注尺寸绘制（未注明尺寸自行确定），其余要求尺寸如下：三棱台建筑高为 5；圆柱体建筑高为 7，顶部天线底座圆锥高为 1.5，碟形天线倾斜 30°；六面体底座高为 0.5，主体建筑高为 8，顶盖厚为 0.3；凉亭底座高为 0.2，4 个圆柱高为 1.5，顶部脊形顶高为 1；四面体主楼高为 5；半圆环拱门的截面圆半径为 0.5，旋转角度为 180°。

（4）绘图时可设置合适的绘图环境（单位、图界、图层、颜色、线型和线宽等）。

（5）绘图时可使用合适的绘图工具（栅格、网格、正交、对象捕捉和自动追踪等）。

（6）绘图时用三维图形绘制和编辑命令及 UCS 和各种辅助工具绘制图形。

（7）将实践图形 15-1 按文件名“exl51.dwg”保存。

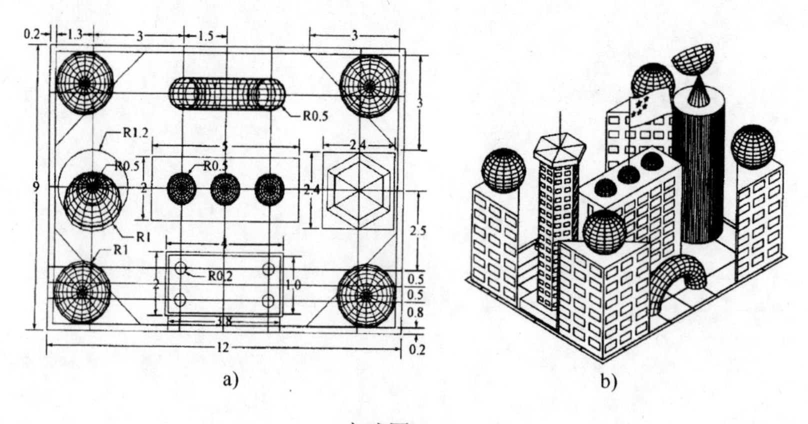

a)　　　　b)

实践图 15-1

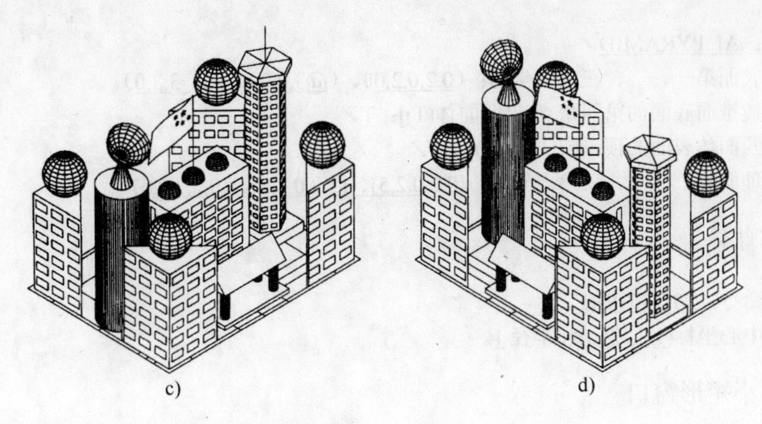

实践图 15-1（续）

3. 实践设备

计算机与 AutoCAD 软件。

4. 实践内容

按要求绘制实践图 15-1 所示的某金融外贸广场的立体模型图。

- 0 层：白色，实线，绘制矩形外框和地面“井”字形辅助线。
- L1 层：洋红色，实线，绘制三棱台形建筑及顶部球体。
- L2 层：蓝色，实线，绘制圆柱形建筑、顶部天线底座及顶部天线。
- L3 层：青色，实线，绘制六面体建筑。
- L4 层：绿色，实线，绘制主楼前凉亭。
- L5 层：黄色，实线，绘制主楼、顶部半球体和五星红旗。
- L6 层：红色，实线，绘制主楼后半环形拱门。

5. 实践步骤

（1）启动 AutoCAD 软件，进入 AutoCAD 软件绘图界面，并设置图形界限为 120×90。

（2）用 ZOOM 命令及“全部”选项确定绘图区域。

（3）用 LAYER 命令按绘图要求创建图层，设置有关状态参数。

（4）在 0 层按标注尺寸绘制矩形外框和地面“井”字辅助线，如实践图 15-2 所示。

（5）在 L1 层绘制三棱台建筑和顶部球体，如实践图 15-3 所示。绘制左下角三棱台用 LAYER 命令，设置 L1 层为当前层。

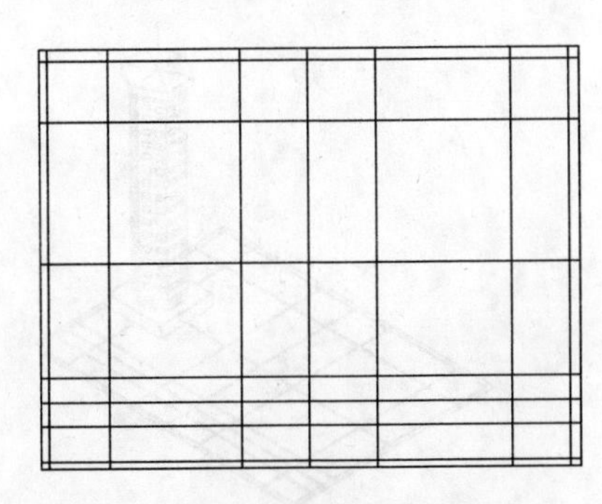

实践图 15-2

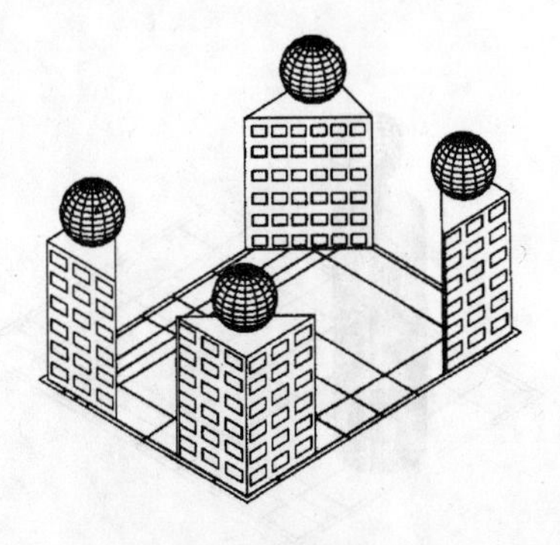

实践图 15-3

命令：AI_PYRAMID↙
输入底面第一、二、三角点坐标：（0.2,0.2,0）、（@3,0,0）、（@-3,3,0）
指定棱锥面底面的第四角点或[四面体(T)]：T↙
指定四面体表面的顶点或[顶面(T)]：T↙
输入顶面第一、二、三角点坐标：(0.2,0.2,5)、(3.2,0.2,5)、(0.2,3.2,5)

绘制顶部球体

命令：AI_SPHERE↙
输入中心坐标(1.2,1.2,6)和半径 1。

绘制侧面小矩形窗口

用 UCS、PLAN、RECTANG、COPY 等命令绘制侧面小矩形窗口。

阵列三棱台

用 3DARRAY 命令以矩形外框中心点 Z 轴正向垂直线为轴环形阵列三棱台和球体。
用 MOVE 命令将不在位置的三棱台和球体平移到指定位置（可使用捕捉功能）。
（6）在 L2 层绘制圆柱形建筑、顶部天线底座和顶部天线，如实践图 15-4 所示。
绘制圆柱形建筑
用 LAYER 命令设置 L2 层为当前层，用 ELEV 命令设置高度为 0，厚度为 7。

命令：CIRCL↙
输入底部圆心(1.5,4.5)和半径 1.2。

绘制圆锥底座

命令：AI_CONE↙
输入底部圆心(1.5,4.5,7)，半径 0.5，高 1.5。

绘制碟形天线

命令：AI_DISH↙
输入圆心(1.5,4.5,9.5)，半径 1。

用 ROTATE3D 命令对碟形天线倾斜 30°（旋转轴为经过圆锥顶点且平行于 X 轴的直线）。
（7）在 L3 层绘制六面体建筑和顶部避雷针直线，如实践图 15-5 所示。

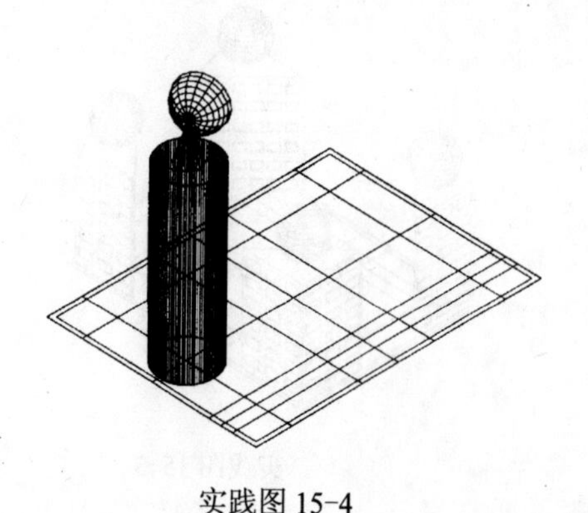
实践图 15-4

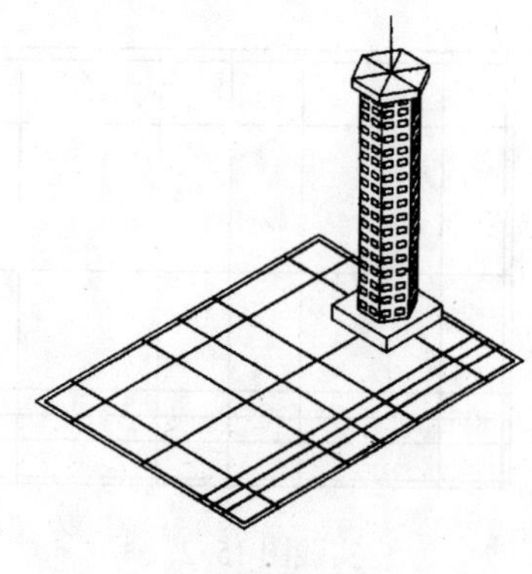
实践图 15-5

绘制四面体底座

用 LAYER 命令设置 L3 为当前层。

命令：AI_BOX↙

输入角点坐标(9.4,3.3,0)，长 2.4，宽 2.4，高 0.5。

绘制六面体主体建筑

用 ELEV 命令设置高度为 0.5，厚度为 8。

用 POLYGON 命令按内切圆绘制六边形，圆心为(10.6,4.5)。

绘制六面体顶盖

用 ELEV 命令设置高度为 8.5，厚度为 0.3。

用 POLYGON 命令按内切圆绘制六边形，

圆心为(10.6,4.5)。

绘制顶部避雷针直线

用 ELEV 命令设置高度为 8.8，厚度为 2。

用 POINT 命令绘制点：(10.6,4.5)。

绘制侧面小矩形窗口

用 UCS、PLAN、RECTANG、COPY 等命令绘制侧面小矩形窗口。

（8）在 L4 层绘制主楼前凉亭，如实践图 15-6 所示。

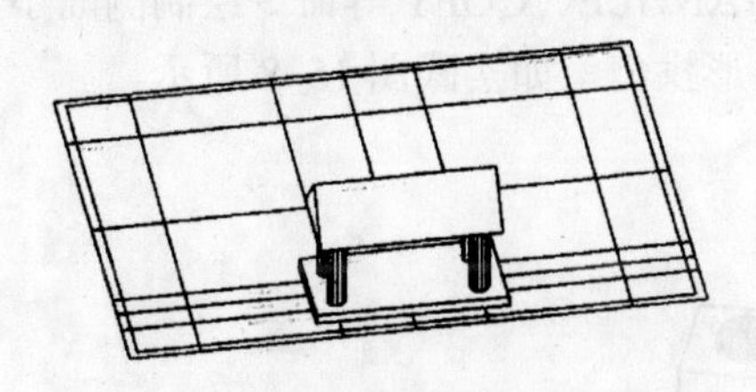

实践图 15-6

绘制底座

用 LAYER 命令设置 L4 为当前层。

命令：AI_BOX↙

输入角顶点坐标(4,0.5,0)，长 4，宽为 2，高 0.2。

绘制 4 个圆柱

用 ELEV 命令设置高度为 0.2，厚度为 1.5。

用 CIRCLE 命令绘制顶部的 4 个圆，圆心用捕捉方式拾取。

绘制脊形顶

命令：AI_PYRAMID↙

输入底面第一、二、三、四角点坐标：(4.1,0.6,1.7)，(@3.8,0,0)，(@0,1.8,0)，(@-3.8,0,0)

指定棱锥面的顶点或[棱(R) / 顶面(T)]：R↙

指定棱锥面棱的第一端点：4.1,1.5,2.7↙

指定棱锥面棱的第二端点：@3.8,0,0↙

（9）在 L5 层绘制主楼、顶部半球体和五星红旗，如实践图 15-7 所示。
绘制四面体主楼用 LAYER 命令设置 L5 层为当前层。

命令：AI_BOX↙
输入角点坐标(3.5,3.5,0)，长 5，宽 2，高 5。

绘制顶部半球体

命令：AI_DOME↙
输入圆心(4.5,4.5,5)，半径 0.5。
输入圆心(6,4.5,5)，半径 0.5。
输入圆心(7.5,4.5,5)，半径 0.5。

绘制顶部五星红旗
用 ELEV 命令设置高度为 0，厚度为 0。
用 UCS 命令创建新的坐标系，原点在中间半球体顶，X 轴旋转 90°。
用 PLAN 命令设置为新 UCS 的 XOY 平面。
用有关二维绘图命令绘制五星红旗。
用 RULESURF 命令将旗面绘制为规则曲面。
绘制侧面小矩形窗口
用 UCS、PLAN、RECTANGLE、COPY 等命令绘制侧面小矩形窗口。
（10）在 L6 层绘制半环形拱门，如实践图 15-8 所示。

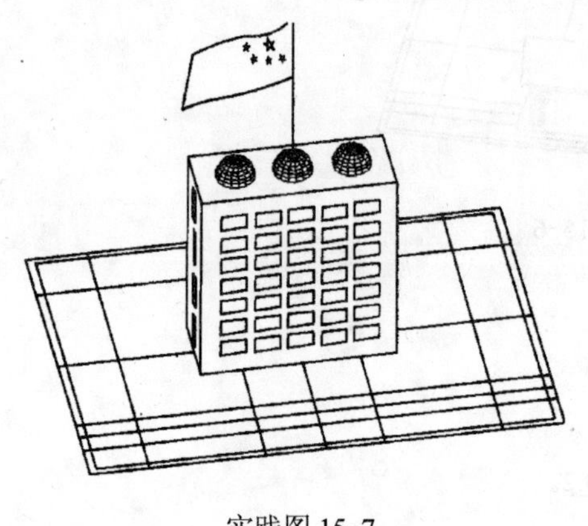

实践图 15-7

实践图 15-8

绘制截面圆
用 LAYER 命令设置 L6 层为当前层。
用 ELEV 命令设置高度为 0，厚度为 0。

命令：CIRCLE↙
输入圆心(4.5,7.5)，半径 0.5。
绘制拱门
命令：REVSURF↙

选择截面圆。

（11）用 VPOINT、DVIEW 命令观察图形，用 HIDE、SHADE、RENDER 命令消隐、着色、渲染。

（12）将实践图形按文件名“exl51.dwg”保存。

6. 注意事项

看懂图形形状，按操作步骤绘图。

参 考 文 献

[1] 陈桂芳. AutoCAD 2009 中文版实用教程[M]. 北京：清华大学出版社，2010.

[2] 于广滨，等. AutoCAD 2012 机械制图标准教程[M]. 北京：机械工业出版社，2011.

[3] 陈志民，等. AutoCAD 2012 机械绘图实例教程[M]. 北京：机械工业出版社，2011.

[4] 李超，陈军民，梅延伟. AutoCAD 案例实训教程[M]. 武汉：湖北科学技术出版社，2012.

[5] 姜勇，李善锋，谢卫标. AutoCAD 机械制图教程[M]. 北京：人民邮电出版社，2015.